생명의 책

게놈

genomescience

장 은 성 지음

전파과학사

머리말

　요즘에 생명과학에 대한 관심이 그 어느 때보다 높다. 인간 게놈계획의 초안이 완성되고, 여기저기서 유전공학, 생명공학에 대한 성과들을 올리면서 녹색 황금(green gold)을 찾는 새로운 골드러시가 시작되고 있기 때문이다. 인간을 괴롭히는 여러 가지 불치병에 대한 치료제나, 부작용이 없는 인공장기의 개발, 노화를 지연시키는 약품 등의 개발은 바이오 벤처기업들이 앞을 다투는 신기술들이다.

　이러한 시대 상황에 일반 대중들도 생명과학에 대한 호기심을 보이기 시작했다. 한때 인터넷 벤처기업이 정부의 지원을 받아 급성장하면서 너도나도 묻지마투자를 할만큼 코스닥 등이 과열 열기를 보였다. 하지만 몇몇 벤처기업가의 부도덕이 드러나고 더욱이 과열된 벤처기업의 거품이 빠지면서 코스닥 주가가 급락하고 많은 투자자들이 막대한 손해를 보았다.

　이러한 이유로 증시업계는 증시를 활성화시킬 새로운 투자 종목을 갈망했고 투자자들도 손해를 만회할 대상을 기다리고 있다. 이러한 때에 연일 매스컴에서는 외국에서 개발된 새로운 바이오 기술에 대한 보도를 내보내고 있다.

그래서 서서히 바이오 벤처기업들이 주목받기 시작하고 있다. 하지만 인터넷 벤처기업의 거품에 당한 투자자들이 이제는 무턱대고 묻지마투자를 하지는 않는다. 이제부터는 신기술 동향이라든가 그 기술의 실현 가능성이나 파급효과 그리고 그 내용을 이해하려고 나서기 시작한다. 새로운 기술에 대한 정확한 정보가 기업에 대한 가장 기본적인 정보가 되고 투자 마인드를 살릴 것이다.

그래서 요즘에 생명과학에 대한 계몽서들이 줄지어 출간되고 있다. 하지만 대부분의 과학 계몽서들은 독자들이 과학에 매우 무지하고 어려워하니 쉽게쉽게 쓰려고 애쓰며, 그리고 잘못된 편견을 바로 잡아주기 위해 노력한다. 그러다 보니 정작 알려주어야 할 좋은 정보, 독자들이 알고싶은 필요한 정보를 누락시키고 있다. 더구나 국내의 과학 계몽서는 대부분이 번역서이기에 우리의 정서에 잘 맞지도 않고, 번역도 그다지 매끄럽지 않다. 그래서 읽어보아도 그 의미를 정확하고 신속하게 이해할 수 없다. 한마디로 국내에서 좋은 과학 계몽서를 찾기는 무척 어렵다. 그동안 한국의 출판계에서 이름 있는 중견출판사들이 돈벌이가 잘되는 소설류나 시집 따위를 발간하는데 힘쓰거나 아니면 쉽게 번역서를 내는 것에 매달렸기 때문이다. 이것은 독자들에 대한 배려가 전혀 없었다고 할 수 있다.

좋은 작가를 발굴하거나 양성하는데 투자하지 않고 출판사들은 베스트셀러 하나 만들면 빌딩을 사는데 투자했던 까닭이다. 우리는 이제 정보화시대를 넘어 지식산업시대로 나아가고 있다. 그 중에서도 가장 기본적인 지식은 과학지식이다. 때문에 어디에 투자의 초점을 맞추어야 한다는 것은 너무도 자명하게 되었다. 한국에서도 읽기 쉽고 재미있고 유익한 과학 계몽서를 필요로 하며 만들 수 있는 것이다. 이 책은 이러한 가능성을 보여주기 위해 만들어졌다. 때문에 괜히 현학적으로 어려운 표현을 사용하는 것은 되도록 자제하면서도 독자들이 필요로 하는 정보를 담기 위해 노력하였다.

　　이 책은 지금 미국을 비롯하여 바이오 산업의 선진국들이 앞을 다투어 개발하려는 새로운 바이오 기술에 대한 지침서가 되고자 한다. 바이오 기술의 가장 핵심은 바로 유전자이다. 그것도 인간의 육체에 대한 유전자가 가장 핵심이 되어 있다. 여러 가지 질병이나 노화에 대한 유전자를 분석하고 이들을 잘 조절하는 기술이 개발된다면 인류는 역사상 혁명적인 생명과학시대를 맞게 되는 것이다. 불로불사가 결코 꿈에 불과한 것이 아니라는 것을 보여줄 것이다. 인류의 새로운 시대를 기원하며 이 책을 바친다.

　　　　　　　　　　　　　　　　　　장 은 성 씀

차 례

제2장 유전자 지도

종장 인간이란 무엇인가

후기

서장
생명의 비밀

생명의 책

아주 오래 전에 상영되었던 「미이라」라는 영화를 보면 고대 이집트 왕국의 아리따운 공주를 사랑한 한 사나이가 있었다. 하지만 그는 공주를 사랑할 수 없는 천한 신분이고, 곧 그것이 발각되어 죽임을 당하여 그는 미이라로 만들어져 공주가 죽은 후에 피라미드 속에서 그녀를 지키는 자리에 매장된다. 그로부터 수천년이 지난 후 고고학자들에 의해 그들의 피라미드가 발굴되고 거기에서 미이라와 죽은 자를 되살릴 수 있는 주문이 적힌 파피루스 두루마리도 함께 출토된다. 그 두루마리를 이집트인들은 「사자의 서(Book of the Dead)」라고 부른다.

고고학자들은 그 「사자의 서」 내용을 해독하기 위해 이집트 상형문자를 읽어보기 시작한다. 그러자 수천년 동안 미이라가 되어 굳어 있던 시신이 들썩들썩, 꿈질꿈질 움직이기 시작한다는 내용의 공포영화이다.

고대 이집트인들이 상상하던 생명의 비밀을 적은 「사

사자의 서(테베 출토)

자의 서」가 드디어 21세기에 우리 인류에 의해 해독되었
다. 그 생명의 책이 바로 게놈(genome)인 것이다. 인간의
생로병사의 비밀이 단지 A, G, C, T라는 네 개의 문자로
기록된 23권의 생명의 경전(염색체)에 담겨 있는 것이다.
이 비밀스런 경전이 미국을 중심으로 한 유럽 국가들의 협
력으로 비로소 모두 해독되었다. 그리고 그 내용은 인터넷
을 통해 전 세계에 공개되었다. 인간 육체의 설계도인 게
놈은 1,000페이지 전화번호부 천 권에 해당하는 어마어마
한 정보량이다.

　이 경전에는 지금으로부터 35억년 전에 생명의 별, 지
구상에 생명이 탄생한 이후 급변하는 지구 환경의 변화 속
에서 생존과 번영을 위해 투쟁해 온 생명 진화의 지혜가
가득 들어 있는 것이다. 이제 인류는 이 생명의 지혜를 직

접 배울 수 있고 직접 이용함으로써 보다 건강하고 풍요로운 미래를 열어가게 될 것이다. 성경의 요한 계시록 20장 13절에 '바다가 그 가운데서 죽은 자들을 내어주고 또 사망과 음부도 그 가운데서 죽은 자들을 내어주매…'라는 구절이 있다.

현대 과학은 이 예언을 실현하고 있다. 「쥬라기공원」이라는 영화에서 본 것처럼 이미 멸종되었거나, 멸종 위기에 있는 동물들을 유전자 조작기술과 체세포 복제기술로 되살려 낸다는 계획을 진행하고 있다. 어쩌면 우리는 성경에서 말하는 종말의 날에 더욱 가까이 다가서고 있다는 느낌이 든다. 그렇다. 구인류의 종말이다. 기존의 모든 이념, 가치관, 도덕은 붕괴되고, 분자생물학, 게놈과학, 복제기술에 의한 새로운 질서, 새로운 가치, 새로운 생명이 등장한다. 바로 복제인간인 신인류의 등장이 그것이다. 그들은 방대한 유전정보를 자유롭게 이용하고 복제기술로 보다 건강하고 지혜로워져서 지구를 보다 쾌적한 환경으로 바꾸고 콜럼버스처럼 제2의 지구 건설을 위해 우주로 탐험대를 내보낼 것이다. 이러한 미래를 여는 그 첫걸음이 바로 인간 게놈프로젝트였다.

인간 게놈프로젝트

생명이란 질서와 무질서라는 두 음(질서), 양(무질서)의 기가 소용돌이치는 태극(카오스)이다. 무질서는 엔트로피

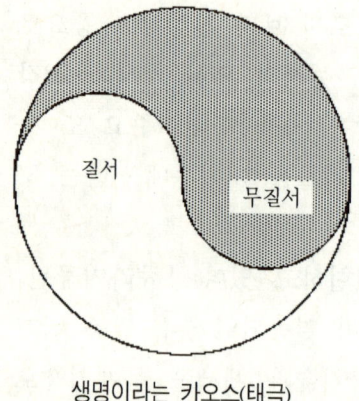

질서

무질서

생명이라는 카오스(태극)

증대법칙에 의해 끊임없이 생성된다. 그럼 무질서에 대항하는 질서는 어디에서 제공되는가? 질서(단백질)는 유전자가 만들어낸다. 유전자는 유전정보를 가지고 에너지를 이용하여 질서(단백질)를 필요할 때마다 적소에서 만들어내어 공급함으로써 생명이라는 카오스가 유지되도록 한다.

인류는 이 생명이라는 카오스의 정체를 파악하기 위해 질서를 만드는 유전자를 분석하기로 했다. 그것이 인간 게놈프로젝트이다. 인간의 게놈에는 인간에게 필요한 모든 유전자가 들어 있다.

인간의 게놈은 다음 그림에서 보는 것처럼 23쌍의 염색체에 들어 있다. 이 23쌍의 염색체의 한쪽은 아버지에게서 그리고 다른 한쪽은 어머니에게서 전해진 것이다. 때문에 거의 같은 내용의 유전자가 두 벌이나 갖추어진 셈이다. 이것은 만일 한쪽의 유전자에 문제가 있더라도 다른 쪽의 유전자가 대신해서 기능하도록 하여 생명을 유지하도록 한 안전장치인 셈이다. 따라서 게놈을 분석할 때는 한쪽만 분석해도 충분한데 그렇다 해도 무려 약 30억개의 DNA 염기 쌍을 해독해야 하는 방대한 작업이다. 하나를 읽어내는데 1초가 걸린다 해도 약 100년의 시간이 걸리는

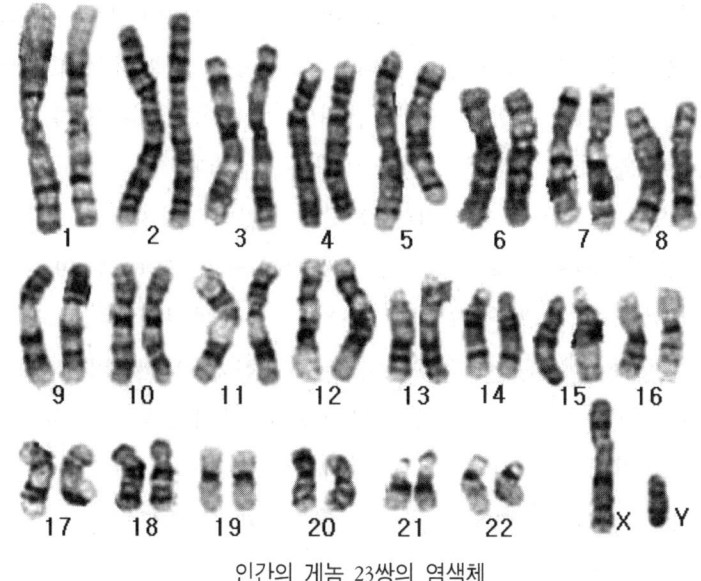

인간의 게놈 23쌍의 염색체

방대한 양이다. 이것을 약 20년만에 해독해 낸 것이 인간 게놈프로젝트인 것이다. 컴퓨터기술과 수많은 과학자들의 협력으로 가능했던 것이다.

특히 인간 게놈프로젝트가 가능했던 것은 1975년 영국의 생화학자 생거(F. Sanger, 1918~)와 컬슨(A. R. Coulson)이 DNA 염기서열 결정법을 개발하는 등 여러 가지 유전자공학기술이 발전해 있었기 때문이다.

1983년에는 미국 시타스사의 연구원 멀리스(Kary Mullis)가 PCR(Polymerase Chain Reaction)이라는 DNA 증폭기술을 개발해서 인간 게놈계획의 기술적 토대를 만들었다. 증폭하고 싶은 DNA를 95도 정도 데우면 DNA 이중나

선이 풀리고 여기다가 프라이머와 DNA 합성효소를 넣어 온도를 내려 DNA를 합성한다. 이 공정을 반복하여 몇 시간 내에 똑같은 DNA를 100만개나 만들어낼 수 있다. 이 공로로 멀리스는 1993년에 노벨상을 받았다.

1986년 미국 에너지부(DOE)는 원자력발전소 주변의 주민들이 자주 암에 걸린다는 것 때문에 암에 대한 연구를 절실히 느꼈다. 암은 인간의 유전자가 돌연변이 해서 생기기 때문에 이 유전자들에 대한 자세한 정보가 필요했다. 그래서 인간의 모든 유전자를 해독하는 계획을 세워야 한다고 생각하기 시작했다.

1988년 DNA 이중나선 구조를 밝힌 제임스 왓슨 박사가 미국 국립보건원의 국립 인간 게놈프로젝트(Human Genome Project ; HGP)의 책임자가 되면서 본격적인 사업이 시작되었다. 그는 3조 달러의 비용으로 2005년까지 인간 게놈을 모두 해독하겠다고 약속했다.

미국 다음으로 인간 게놈프로젝트를 국가적 사업으로 시작한 것은 이탈리아이다. 이탈리아에 많은 유전성 빈혈증 유전자가 있는 X 염색체를 분석하기 위해서이다. 그리고 영국에서도 의학연구심의회(MRC)가 독자적으로 게놈분석을 시작했다. 웰컴 트라스트 재단에서 자금을 지원하는 생거(Sanger)센터가 설립되고 본격적인 게놈 해독작업에 들어갔다. 프랑스에서는 인간의 조직적 합성항원 발견으로 노벨상을 수상한 쟝 도세(Jean Dausset, 1916~) 교수가 설립한 유전다형성연구소(CEPH)를 중심으로 인간의 유전자

지도를 만들어 나갔다. 독일의 유럽 분자생물학연구소 (EMBL)는 게놈의 데이터 베이스를 만들어 생명정보학을 시작했다.

인간의 게놈은 엄청난 정보량이기 때문에 한 연구소에서 모두 분석하는 것이 불가능해서 염색체들을 각 연구소에 할당했다. 1번 염색체는 록펠러대학과 생거센터가, 2번 염색체는 워싱턴대학에서, 중국이 3번 염색체, 미국 스탠포드대학은 4번 염색체, 5번 염색체는 캘리포니아대학, 그리고 영국 생거센터가 6번 염색체, 9번 염색체, 10번 염색체, 13번 염색체, 20번 염색체, 22번 염색체, X 염색체(막스 플랑크 연구소)를 담당했다.

국립 인간게놈연구소가 7번 염색체, 텍사스대학에서 8번 염색체를, 11번 염색체는 임페리얼 칼리지, 예일대학은 12번 염색체, 콜롬비아에서 13번 염색체를 담당하고, 프랑스 국립 시퀀싱센터가 14번 염색체를, 15번 염색체는 브리티시 콜롬비아대학, 막스·플랑크연구소와 리켄(RIKEN)에서, 17번 염색체는 이스라엘의 위즈만연구소, 18번 염색체는 보스턴 소아병원, 19번 염색체는 LLNL, 21번 염색체는 루즈벨트연구소 등이다. 미토콘드리아 염색체는 에모리(Emory)에서 해독한다.

이처럼 18개국의 자금 지원과 여러 연구소의 공동연구로 추진되는 거대 과학 프로젝트 인간게놈 해독작업을 단하나의 민간기업이 해내겠다고 나섰다. 1998년 5월 셀레라 (Celera)사의 벤터(J. Craig Venter) 박사는 앞으로 3년 안에

벤터   콜린스

인간 게놈프로젝트의 두 주역

인간의 게놈을 모두 해독해 내겠다고 장담했다. 일개 민간
기업이 이러한 장담을 하자. 세계는 크게 놀랐다. 많은 연
구소의 협력으로도 어려운 일을 혼자서 해낸다는 것도 놀
랍지만, 인간의 유전자를 일개 민간기업이 독점할 수 있는
사태가 벌어질 수 있기 때문이다. 이에 국제 게놈해독센터
도 연구비를 두 배로 증액해서라도 게놈해독 계획을 더욱
서둘러서 진행해야 했다.

　　이렇게 게놈해독의 경쟁이 치열해지면서 여론이 악화
되자, 벤터 박사와 국립 인간게놈연구소(NHGRI) 소장 콜린
스(Francis Collins)는 서로 정보를 공유하기로 합의하였으
며, 드디어 2000년 6월 27일에 미국 대통령 클린턴은 인간
게놈프로젝트의 초안 완성을 발표했다.

　　이제부터 인간 게놈프로젝트가 밝힌 인간의 유전자들

에 대해서 하나하나 살펴보겠다. 인간의 유전자에는 태초에 지구상에 생긴 원시생명체의 유전자부터 시작해서 불가사리, 멍게의 유전자, 물고기의 유전자 그리고 개구리, 파충류, 공룡, 새앙쥐, 원숭이, 유인원 등의 인류의 직계 선조의 유전자들이 어떤 형태로든 변화되어 들어 있을 것이다. 유전자는 환경의 변화에 적응해 끊임없이 진화함으로써 오늘날 우리 인류의 모습을 만들어온 생명의 경전인 것이다.

제 1 장
인간의 설계도 유전자

유전자란 무엇인가

21세기는 생명과학의 시대이다. 그런데도 우리 주변에는 생명과학의 가장 기본이 되는 DNA도 모르는 사람이 8~90%에 이른다고 한다. 유전학, 분자생물학 등이 최근에 나타난 분야라고는 해도 이것은 심각한 문제가 아닐 수 없다. 특히 한창 사회적으로 일할 나이인 3~40대가 생물학에 대한 기초지식이 매우 부족하다는 점이다. 과거 고교에서 문과 이과로 나누어질 때 문과 학생의 경우 특별히 공부하지 않는 한 생물학에 대한 상식이 중학 수준에서 멈추어버렸기 때문이다.

광신도는 나약하고 무지한 사람들이 되기 쉽다. 생명과학에 대해 무지한 투자자들이 냄비처럼 쉽게 과열되어 광신도가 되었다가 투자기대가 살아나지 않으면 쉽게 식어버린다. 생명과학을 올바로 이해한 사람들은 1년이고, 10년이고, 장기간 안정적인 투자를 하기 마련이다. 특히 생명과학처럼 연구개발에 많은 시간이 걸리는 분야는 안정적인 투자를 유치하기 위해서라도 일반대중에 대한 생명과학의 계몽활동을 꾸준하고도 활발히 해야 할 필요가 여기에 있다.

이 책은 이러한 취지 하에 비록 필자가 생명과학 전공자는 아니지만 만용을 부려 만들게 되었다. 더욱이 필자가 전공자가 아니기 때문에 생명과학을 모르는 대중의 입장에서 생명과학을 쉽게 이해할 수 있도록 많은 사진과 그림을 넣어 만들게 되었다. 많은 사람들에게 읽혀 한국의 생명과학 발전의 밑거름이 되기를 바란다.

그럼 이제 유전자에 대해 알아보자. 생물은 영원히 살 수 없고 마침내 병들고 늙어 죽게 된다. 때문에 죽기 전에 자식을 낳아 번식을 해야 한다. 그런데 생물의 자식은 어미와 닮았다. 왜 자식은 어미를 닮았을까? 너무도 당연한 것을 묻는 어리석은 물음 같지만 이 어리석은 물음에 매우 지혜로운 해답이 들어 있다. 그것은 어미로부터 자식에게 무언가가 전해지기 때문이다. 이 무언가를 어미가 자식에게 남겨 전한다는 뜻에서 유전자라고 부른다. 즉 어미의 몸에서 무언가가 나와서 자식의 몸을 만들기 때문에 자식은 어미와 같은 모양이나 성질을 갖게 되는 것이다.

실제로 아버지의 몸 안에는 매우 작은 정자라는 생식세포가 있는데 정자에는 아버지의 유전자를 절반만 담고 있다. 원래 몸 안의 체세포는 한 쌍의 모양도 크기도 같은 상동염색체를 가지고 있는데 생식세포에서는 이들이 둘로 나누어져 하나씩만 갖는 것이다. 그리고 마찬가지로 어머

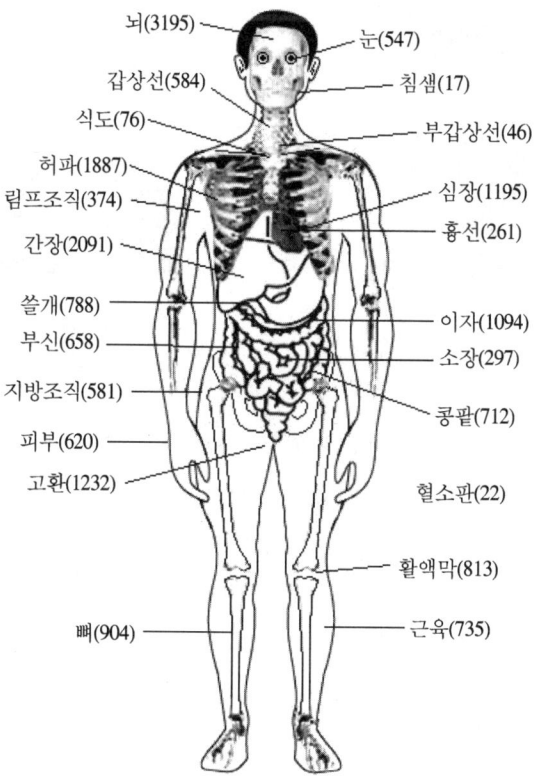

뇌(3195)
눈(547)
갑상선(584)
침샘(17)
식도(76)
부갑상선(46)
허파(1887)
심장(1195)
림프조직(374)
흉선(261)
간장(2091)
쓸개(788)
이자(1094)
부신(658)
소장(297)
지방조직(581)
콩팥(712)
피부(620)
고환(1232)
혈소판(22)
활액막(813)
뼈(904)
근육(735)

인간의 육체를 만드는 유전자수

니의 뱃속에 있는 난자라는 세포에도 어머니의 유전자를 절반만 가지고 있다. 정자가 어머니의 뱃속에서 난자와 만나 합쳐지는 것을 수정이라고 한다.

그리고 그렇게 해서 생긴 새로운 세포를 수정란이라고 한다. 이 수정란에는 아버지의 유전자와 어머니의 유전자가 함께 들어 있게 된다. 그리고 이 수정란이 자꾸 분열하고 자라서 아이가 되어 태어난다. 때문에 아이들은 어머니

직모   곱슬

인간의 모습이나 체질 등은 유전자로 결정된다.

와 아버지를 약간씩 닮게 되는 것이다.

    사진에서 보는 것처럼 한 사람은 동양인으로 비단결같이 부드럽게 찰랑거리는 직모의 머리칼을 가진 반면, 서양인은 귀여운 곱슬머리를 하고 있다. 이것은 동양인과 서양인의 머리카락을 만드는 유전자가 약간 다르기 때문이다. 각각의 생물들이 서로 다른 모습을 하고 있고 같은 사람이라도 각기 얼굴 모습이나 성격이 다른 것은 유전자가 약간씩 다르기 때문이다. 즉 유전자가 많이 다르면 그만큼 다른 모습을 하게 되고 유전자가 비슷한 만큼 비슷한 모습을 하게 된다.

    이 유전자의 본질이 무엇이고 이들이 자식에게 전해지는 데는 어떤 법칙에 따라 전해지며 그 유전자가 어떻게 표현되는지에 대해서 처음으로 체계적으로 연구한 사람이 멘델이다. 멘델 이후 인류는 유전자에 대해 지식이 폭발적으로 늘어나 이제는 우리 몸 안에서 유전자들이 어떻게 작용하고 있는지 상세히 알게 되었다. 이렇게 유전자의 작용을 전문적

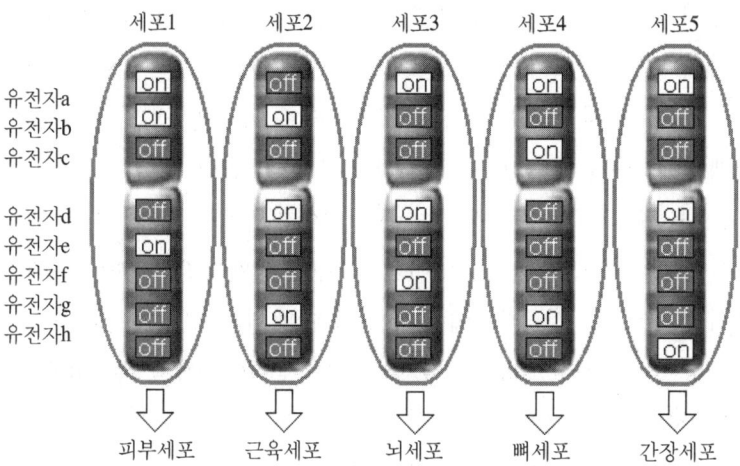

으로 연구하는 학문이 유전자공학이나 분자생물학 등이다.

　　인간의 몸을 구성하는 60조개의 세포 중에서 핵이 없는 적혈구를 제외한 모두가 3만개의 같은 유전자를 가지고 있다. 하지만 어느 유전자가 활성화(on)되어 있고 어느 유전자가 억제(off)되어 있느냐에 따라 피부세포도 되고 근육세포도 되며, 간장세포도 된다.

　　인간의 육체는 70%가 물이고, 나머지 30% 중 60%는 단백질이다. 인간의 생명은 바로 이 단백질을 중심으로 기능한다. 단백질은 음식물을 소화시키고 산소를 호흡하여 에너지를 만들어내고, 그리고 여러 가지 필요한 물질을 생산하고 불필요한 노폐물을 처분하는 여러 가지 역할을 하는 것이 단백질이다.

　　이처럼 생명 현상의 주역이 바로 단백질이라고 한다면 이 단백질을 만드는 유전자는 연극에서 대본에 해당한다.

유전자는 단순히 단백질을 만드는 것만이 아니고 언제 어디서 얼마만큼의 단백질을 만들 것인가 하는 것도 유전정보로서 가지고 있다. 단백질은 크게 구조단백질과 기능단백질로 나눌 수 있다. 구조단백질은 세포의 구조, 나아가서는 육체의 구조를 만드는 단백질이다. 건물의 뼈대에 해당한다고 말할 수 있다. 이처럼 구조단백질은 우리 몸에서 기본 골격을 만들기 때문에 구조단백질을 만드는 유전자에 이상이 생기면 생명체 자체가 제대로 만들어질 수 없을 만큼 치명적인 것이다.

다음으로 이러한 구조단백질 사이에서 촉매로써 여러 가지 생화학반응을 주도하고 생체정보를 전달하는 기능단백질이 있다. 이 기능단백질을 만드는 유전자에 이상이 생겨 그 단백질을 생산하지 못하면 역시 질병에 걸린다. 대표적으로 포도당을 이용하도록 지령하는 인슐린이라는 단백질이 생산되지 않으면 당뇨병에 걸린다.

이처럼 각각 정해진 자리에서 활동해야 할 유전자에 이상이 생기거나 하면 그 세포가 제대로 활동할 수 없어 유전자 질병에 걸리게 되는 것이다.

유전자의 진화

태초의 가장 원시적인 생명체의 유전자에는 어떤 것들이 있었을까? 생물학자들은 가장 원시적인 생명체로 대장균 같은 박테리아를 든다. 이 대장균의 유전자는 약 4,000

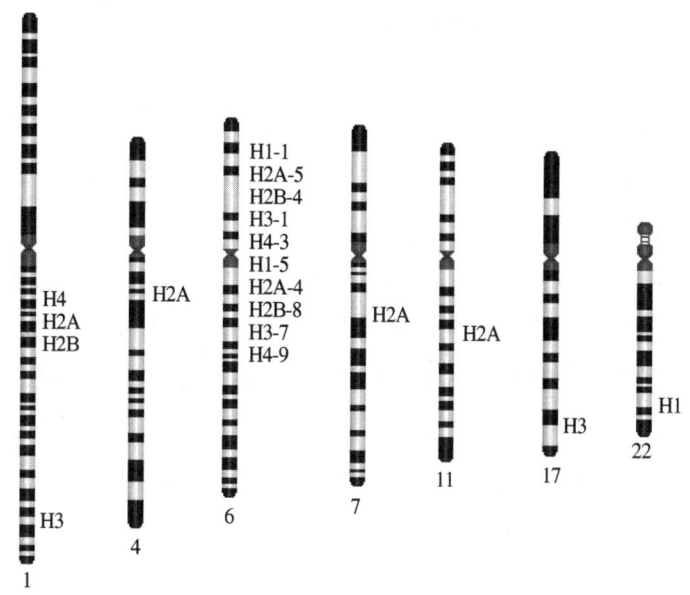

종류의 유전자가 있다고 한다. 이들 유전자는 대부분 대장
균의 생존에 필요한 유전자이다. 먹이를 먹고 에너지를 얻
기 위한 신진대사를 하고, DNA를 복제하고 번식하기 위해
필요한 유전자들이다.

  다음으로 대장균보다 복잡한 진핵생물인 효모 같은 생
물의 유전자는 대강 6,000개 정도이다. 대장균보다 많아진
유전자들은 미토콘드리아나 소포체, 골지체 등의 세포내의
소기관을 만드는 유전자이다. 이처럼 세포의 생존에 꼭 필
요한 이들 유전자를 하우스 키핑 유전자라고 부른다. 즉
세포라는 집을 지키는 유전자라는 의미이다. 하우스 키핑
유전자의 하나로 유전자들을 담고 있는 염색체를 만드는데
큰 역할을 하고 있는 히스톤 단백질들의 유전자들이 들어

있는 염색체를 살펴보면 다음과 같다.

모두 히스톤 단백질을 만드는 유전자이지만 염색체 여기저기에 흩어져 있고 더구나 중복되어 있다. 이것을 보면 유전정보는 그다지 깔끔하게 정리되어 있지는 않음을 알 수 있다.

다음은 단세포의 진핵생물들이 모여서 다세포의 생물로 진화해 갔다. 다세포생물이 되면서 필요한 유전자는 세포들간의 대화에 필요한 유전자들이다. 세포들은 서로 호르몬이라고 부르는 물질을 분비해서 대화한다. 따라서 그런 호르몬을 생산하고 또 호르몬을 수용하는 단백질을 만드는 유전자가 새로 필요하게 된다.

이런 식으로 처음에는 단지 물질대사와 DNA의 복제나 전사에 필요한 유전자만으로 충분했는데 점점 새로운 유전자들이 생겨나면서 생물은 진화해 나아갔다. 그리하여 인간의 경우는 무려 60조개라는 엄청난 수의 세포로 구성된 복잡한 조직과 기관을 갖춘 다세포동물이 되었다. 이 복잡한 유기체를 구성하는데 약 4만개의 유전자를 필요로 하는 셈이다. 그러니까 약 6,000개의 하우스 키핑 유전자를 제외한 34,000개의 유전자는 인체의 각 장기나 조직을 만드는데 필요한 유전자들인 것이다.

이 유전자들의 변화와 다양성이 물고기로부터 양서류, 파충류, 그리고 포유류, 영장류로 진화를 가능하게 하였을 것이다. 이제 이들 유전자들에 대해 하나씩 살펴본다.

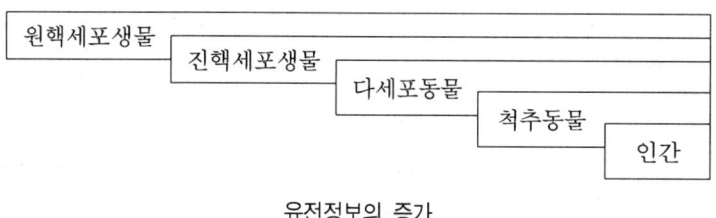

유전정보의 증가

뇌를 만드는 유전자

여기에서는 특별히 뇌를 만드는 유전자들에 대해서 자세히 살펴보려고 한다. 인간의 두뇌는 인간의 장기 중에서도 가장 중요하며, 인간 자신을 이해하기 위해서도 과학자들이 가장 연구에 열을 올리는 장기이다. 하지만 아직 뇌를 형성하는 유전자들에 대한 것은 그리 많이 알려진 것이 없다. 앞에서 본 것처럼 뇌를 만드는데 약 3,000여 개의 유전자가 필요하다는 정도를 알고 있을 뿐이다.

뇌는 그림에서 보는 것처럼 인체의 기관 중에서도 외부의 감각정보를 받아들이고 분석, 비교, 판단, 처리하며 최종적으로 행동으로 출력시키는 정보처리기관이다.

그림에서 회색 부분은 정보처리를 담당하는 신경세포의 세포체가 모여 있는 부분으로 회색으로 보이기 때문에 회백질이라고 부르고 하얀 부분은 처리된 정보를 전달하는 신경섬유다발이 지나가는 부분으로 하얗게 보이므로 백질이라고 부른다.

척수에서는 회백질이 뇌실을 가운데 두고 안쪽에 있으

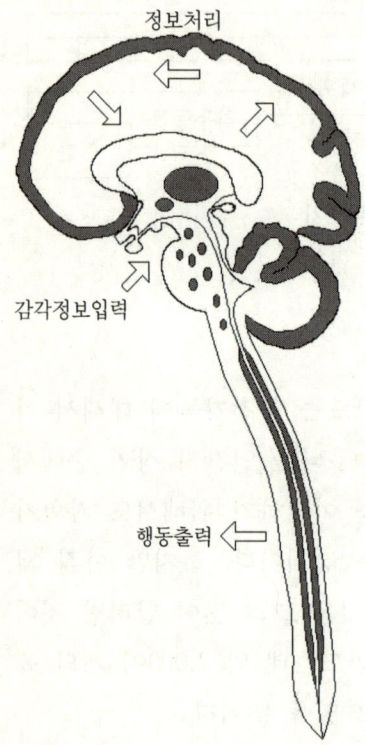

정보처리

감각정보입력

행동출력

며 대뇌에서는 반대로 회백질이 바깥쪽에 있다. 그리고 척수와 대뇌를 연결하는 간뇌 부분은 회백질이 마치 섬처럼 점점이 박혀 있게 된다. 이러한 복잡한 모양의 중추신경계를 만드는 유전자들에는 어떠한 것들이 있는지 자세히 알아보는 것은 앞으로의 연구과제이다.

〈뇌의 기원〉

식물에게는 뇌가 없지만 동물에게는 뇌가 있다. 왜 동물에는 뇌가 있을까? 너무 당연한 이야기지만 동물은 움직이기 때문에 뇌를 필요로 한다. 식물은 그 자리에 깊이 뿌리를 박고 가만히 태양 빛만 받아도 살아갈 수 있다. 하지만 동물은 태양 빛만 받아서 스스로 영양분을 만들어내는 능력이 없기 때문에 식물이나 다른 동물체로부터 영양분을 섭취해야만 살아갈 수 있는 일종의 기생충인 셈이다. 이런 의미에서 동물은 모두 기생충이라고 할 수 있다.

다른 곳에서 먹이를 섭취하기 위해서는 움직여야 하고

움직이는 데는 정보를 필요로 한다. 공간에 대한 정보, 먹이에 대한 정보, 움직이는데 걸리는 시간에 대한 정보 등등이 그것이다. 그리고 움직이기 위한 운동기관을 제어해야하는 내부정보도 필요하다. 이렇게 외부에서 획득하는 정보의 처리와 내부정보를 통제하기 위해 신경계와 뇌를 발달시킨 것이다. 뇌는 움직임에 따라 변하는 시공간의 상태를 감시하고 환경의 변화를 감지해야 할 필요성에서 발달한 것이다.

한 곳에 정착해 사는 농경민보다 계속 움직이며 살아야 하는 유목민들이 정보에 훨씬 민감했다는 것도 마찬가지다. 움직이는 데는 항상 정보가 필요하고 정보를 처리할 장치를 갖추어야 했다. 움직일 때는 막연히 움직이는 것이 아니고, 어떤 목적을 두고 움직이기 때문에 사전에 그 목적에 대한 정보를 수집해야 하고 분석해야 한다.

동물이라고 해서 모두 움직이는 것은 아니다. 전혀 안 움직이는 동물에서부터 달팽이처럼 매우 서서히 움직이는 동물, 그리고 치타처럼 맹렬하게 달리는 동물 등 움직이는 속도도 다양하다. 움직임이 빠를수록 정교한 조정력을 필요로 하기 때문에 뇌는 발달할 수밖에 없다. 이처럼 뇌의 탄생과 진화는 운동과 아주 밀접하게 관련되어 있다고 할 수 있다.

동물이라도 움직이지 않는 것은 뇌가 거의 발달하지 않았다. 예를 들어 산호는 근육과 신경이 있기는 하지만 거의 움직이지 않기 때문에 뇌는 없다. 동물은 전혀 움직이지 않는 것에서 조금씩 움직이는 동물로 그리고 재빨리 움직이는 동물로 진화가 이루어진 것이다. 거의 움직임이 없는 동물들의 모양은 방사대칭이다. 불가사리가 그 예이다. 하지만 움직이게 되면 좌우대칭으로 모양도 변한다. 그리고 앞쪽에 외부정보를 수집하는 감각기관과 뇌가 발달한다.

하지만 뇌라는 기관은 매우 비용이 많이 드는 사치스런 기관으로 무작정 발달시킬 수만도 없었다. 즉 인간의 뇌만큼 발달하는 데는 그만큼 많은 사연이 진화의 역사에 숨어 있는 것이다. 처음에 등장한 뇌는 매우 단순한 신경세포의 덩어리(신경절)에 불과했다. 때문에 이것이 오늘날의 복잡한 인간의 뇌로 진화하기까지 거친 여정은 결코 단순한 것이 아니며 그만큼 수많은 유전자의 등장을 필요로 했을 것이다. 하지만 인간의 복잡한 뇌를 만드는데 3천여 개의 유전자로는 태부족이다. 이것은 어찌된 것일까?

〈프랙탈 기법〉

적은 정보량으로 복잡한 모양을 만드는 방법의 하나로 프랙탈이라는 방법이 있다. 다음 그림은 코흐곡선이라고 하는 대표적인 프랙탈 도형인데 이 도형을 만드는데 단지 선분의 3분1을 위로 꺾어 올려 삼각형을 만든다는 조작을 계속 반복적으로 사용한다는 것뿐이다. 이렇게 간단한 방법으로 그림처럼 복잡한 코흐곡선을 만들어내고 있는 것이다.

아마도 유전정보도 이렇게 프랙탈 도형을 만드는 것처럼 사용되는 것이 아닌가 추측하고 있다.

즉 처음에 히드라 같은 강장동물은 고착생활을 하기 때문에 신경세포가 여기저기 흩어져 있는 산만신경계였다. 그런데 해파리 같은 부유동물로 진화하면서 몸통이 통일적으로 움직일 필요성 때문에 신경세포를 한 곳에 모아 통일적으로 정보를 처리하기 위해 신경절이

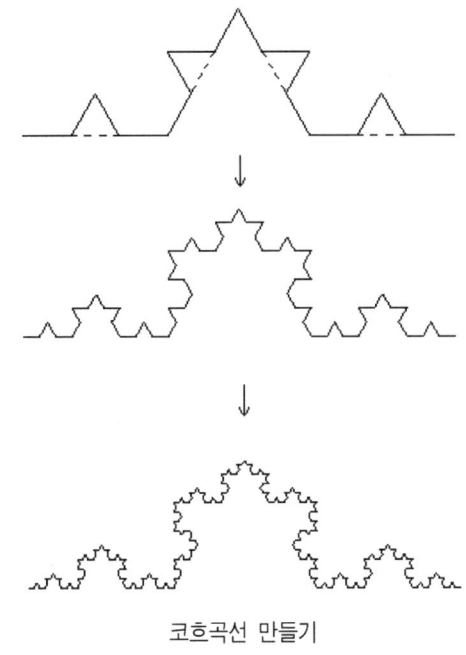

코흐곡선 만들기

라는 가장 원시적인 뇌를 만든다. 이렇게 신경절을 만드는데 처음으로 등장한 유전자를 단지 반복적으로 여러 번 사용함으로써 여러 개의 신경절을 만드는 환형동물로 진화했다고 생각하고 있다. 즉 다음 그림에서 보듯이 해파리 유생인 에피라는 원래 하나하나 떨어져 성체로 성장해 독립적으로 살아가는데 이들이 무슨 이유에서인지 떨어져 나가지 않고 그대로 붙어서 한 몸이 되어 움직이는 동물로 진화해 버렸다. 이런 것을 유형성숙이라고 하는데 아무튼 이렇게 해서 해파리는 지렁이 같은 환형동물로 진화하여 처음으로 체절을 갖는 동물로 나아간 것이다. 각각의 체절에

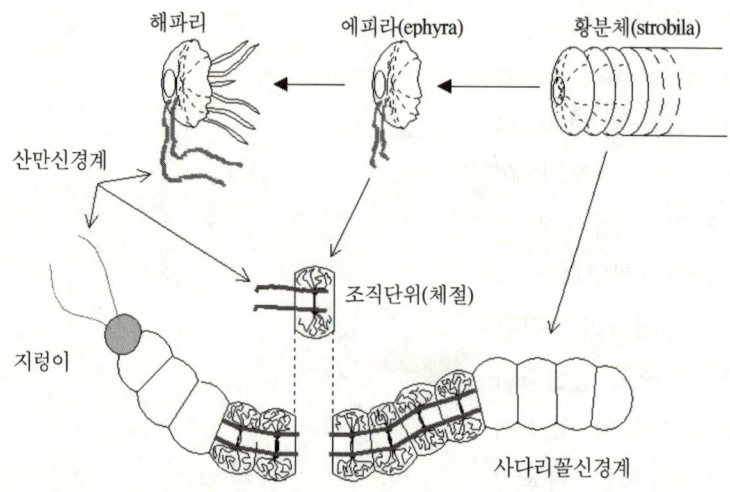

해파리　　　에피라(ephyra)　　　황분체(strobila)

산만신경계

지렁이

조직단위(체절)

사다리꼴신경계

는 신경절이 있고, 이들 신경절도 서로 연락되어 정보를 교환함으로써 한 몸으로 움직일 수 있는 것이다.

이 방법은 그대로 인간의 뇌에까지 적용되어 인간의 대뇌에도 수많은 신경절 덩어리라고 할 수 있는 조직이 보인다. 1922년 대뇌의 피질세포들의 배열방법을 처음으로 자세히 관찰했던 스페인의 세포학자 데 노오(Rafael Lorente de No)는 대뇌의 피질 활동은 세로방향 즉 기둥구조(칼럼)에서 국소적으로 일어나고, 이 기둥구조가 피질의 표면으로부터 6층의 아래까지 미쳐서 하나의 단위가 되어 있다고 생각했다. 1957년에 이 생각은 미국의 존스 홉킨스(Johns Hopkins) 대학의 대뇌 생리학자 바농 마운트캣슬(V. B. Mountcastle, 1918~)에 의해 확인되었다. 마운트캣슬은 고양이 뇌의 피질 속으로 미세 전극을 천천히 집어넣어 피질

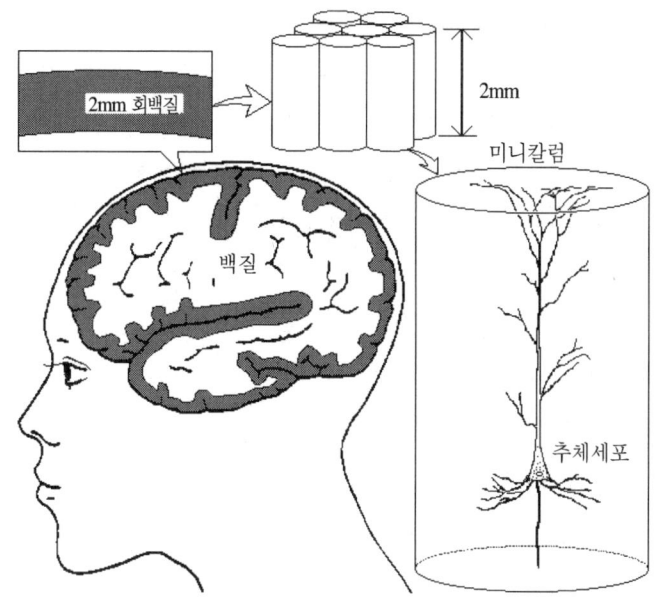

대뇌에서 의미 있는 정보처리의 기본단위는 미니칼럼이다

세포의 반응을 관찰하였다. 그 결과 같은 수용부위의 감각 자극은 세로방향으로 인접한 신경세포들을 활동시킨다는 것을 알게 되었다.

이것은 뒤에 대뇌의 시각영역을 연구하던 휴벨(David H. Hubel, 1926~)과 위젤(Torsten N. Wiesel, 1924~) 등에 의해서도 확인되었다. 그리고 센타고타이(Janos Szentagothai, 1912~1994)는 칼럼내의 네트워크의 구조를 자세히 연구했다.

마운트캣슬은 고양이의 체성감각야에서 발견한 이러한 기둥 구조를 칼럼(column)이라고 불렀다. 이 칼럼이 바로 해파리에서 등장한 최초의 신경절에 해당하는 것이 아닐까

추측하고 있다. 대부분의 동물의 두뇌는 칼럼구조를 갖는
것이 확인되었고 인간의 두뇌가 다른 동물에 비해 뛰어난
것은 이 칼럼의 수가 많다는 것뿐이다. 따라서 인간의 뇌
유전자나 보통 동물의 뇌유전자는 거의 일치하며 단지 신
경절의 개수를 조정하는 유전정보에 작은 차이가 있을 것
이다.

〈뇌를 만드는 유전자들〉

뇌는 외배엽이 둥글게 말린 신경관에서 만들어진다.
이 신경관의 앞쪽이 부풀어오르면서 전뇌, 중뇌, 후뇌를 만
들고 이들이 점점 발달하여 뇌의 각 부위를 만들어간다.
처음에는 아무런 구분이 없이 기다란 신경관을 이처럼 구
분짓는 것은 호메오 유전자라는 것이 밝혀지고 있다. 호메
오 유전자는 뒤에서 자세히 설명하지만 각 체절에서 발현
하여 몸통의 모양을 결정하는 유전자 그룹이다.

초파리의 오르소덴티클(otd)나 엠프티-스파이라클(ems)
유전자와 유사한 생쥐의 호메오틱 유전자가 각각 간뇌, 종
뇌에 특이적으로 발현하고, 엔글레일(en)이라는 호메오틱
유전자는 후뇌에서 발현하여 필요한 유전자를 활성화하는
단백질을 생산한다는 것이 밝혀졌다. 이들 유전자는 인간
에서도 유사한 것이 발견되고 있다. 태아의 뇌를 만드는데
초파리나, 생쥐, 인간이 비슷한 유전자를 사용하고 있다는
것은, 헤켈의 개체발생은 계통발생을 반복한다는 주장을
유전자 수준에서 확인시켜준 것이라 하겠다.

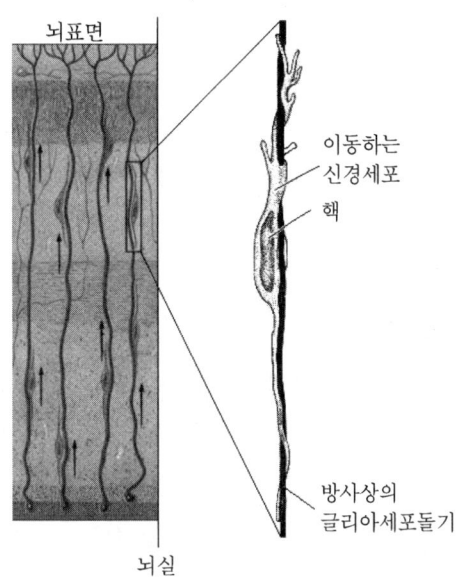

뇌표면

이동하는
신경세포

핵

방사상의
글리아세포돌기

뇌실

　이렇게 해서 형성된 뇌는 그 한가운데 원래 신경관일 때의 구멍이 뇌실로 변한다. 이 뇌실 쪽에 있는 세포들은 왕성하게 분열하여 뇌의 표피 쪽으로 이동하여 회백질을 형성하기 시작한다. 다음 그림은 신경세포의 이동을 보여 주는 그림이다.

　그런데 이러한 신경세포의 이동이 잘 되지 않아 뇌의 주름이 생기지 않는 활뇌증이 생기고, 정신박약이 되며 음식을 잘 삼키지 못하여 2살까지밖에 살 수 없는 밀러-디커 (Miller-Dieker) 증후군이라는 병이 생긴다. 이 병은 17번 염색체의 단완이 결핍되어 생기는 병으로 신경세포의 이동을 관장하는 카할 레티우스 세포(파이오니아 뉴런)이 신경세포를 유도하는 단백질을 분비하지 못해서 생기는 것으로 생각된다.

1993년에 17번 염색체를 조사하여 밀러-디커 증후군을 일으키는 유전자로 LISI유전자를 찾아냈다. 이 유전자는 뇌의 혈소판활성화인자(PAF)를 분해하는 효소라는 것도 알았다.

〈뇌세포의 분화〉

인간의 뇌는 대뇌피질만 약 140억, 소뇌 등을 전부 합하면 신경세포 수는 1,000억개 정도가 된다. 그런데 뇌에는 신경세포만이 아니고 신경세포에게 영양분을 공급하고 노폐물을 받아내어 처리하고 보조하는 글리아 세포가 있다. 인간 뇌의 경우 90%가 글리아 세포이고 신경세포는 10%에 지나지 않는다.(초파리의 경우는 이 비율이 역전해 있다) 즉, 신경세포는 글리아 세포들 속에 파묻혀 있다고 할 수 있다.

이 글리아 세포와 신경세포는 원래 외배엽유래의 신경아 세포가 분화해서 생긴 것이다. 이 분화에 관여하는 유

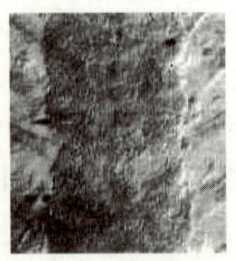

글리아가 안 생긴 경우

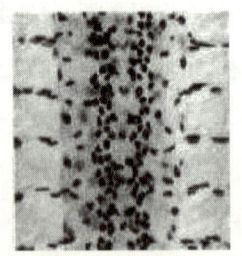

글리아가 생긴 경우

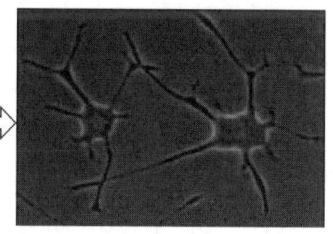

신경세포의 분화

전자로 글리아 세포결여(GCM : Glia Cells Missing) 유전자
가 있다.

사진에서 보는 것처럼 GCM 유전자가 발현했던 경우
는 글리아 세포가 생기고 그렇지 않은 경우는 글리아 세포
가 생기지 않는다. 즉, GCM 유전자는 신경모세포에 신경
세포가 될 것인가 글리아 세포가 되는가를 결정하는 마스
터 유전자라는 것을 알 수 있다.

신경세포는 다음 사진처럼 세포막을 길쭉하게 하루에
1mm 정도 뻗어나가 축색이라는 신경섬유를 만든다. 이것
은 1909년에 처음으로 하리슨의 관찰로 알게 된 것이다.
신경세포가 어떤 세포를 향해 축색을 뻗어 가는 것은 목표
로 하는 세포가 어떤 단백질을 분비하기 때문이다. 아프리
카 손톱개구리의 망막에서 나온 시신경이 중뇌의 시각중추
에서 분비하는 A5라는 단백질을 목표로 하고 있다는 것을
1989년에 알게 되었다.

인간의 대뇌는 좌뇌와 우뇌로 나누어져 있다. 이 좌우
의 뇌는 각각 몸의 반대편을 관장하지만, 두뇌가 서로 정
보를 교환하고 있기 때문에 우리의 몸을 통일적으로 움직

일 수 있다. 이처럼 좌우의 뇌를 연결하여 정보를 교환하고 있는 것은 뇌량이라는 신경섬유다발이다. 뇌량의 신경섬유는 각각 반대편의 신경세포들이 서로를 향해 축색을 뻗어서 만들어진 것이다.

그런데 이 뇌량이 형성되지 않아서 생기는 에이칼디 증후군이라는 병이 있다. 이 병은 태어날 때부터 난치성 간질발작이 있고, 망막의 일부가 결손되며, 일부 척추 뼈가 절반밖에 생기지 않는다. 이 병의 유전자는 X염색체(Xp22.3)에 있으며 남자 아이에게 발병하면 태아기 때 사망하며, 여자 아이에게는 출산 후에 나타나는 우성유전병이다.

〈절연체 형성 부전증〉

신경세포는 탈분극에 의해 생기는 전압차로 생기는 전기신호로 정보를 전달한다. 때문에 신경섬유를 흐르는 전기신호가 누전되지 않도록 하는 절연체가 필요하다. 그러한 절연체를 미엘린(myelin) 수초라고 부른다. 척추동물의 신경섬유에만 존재하는 이 수초는 반액상(半液狀)으로 지방질을 주성분으로 하고 있다. 수초의 두께는 신경섬유의 종류에 따라 여러 가지이다. 수초는 연속되어 있는 것이 아니고, 일정한 간격으로 중단되어 있다. 그 부분을 랑비에 결절이라고 한다.

말초신경섬유에서는 슈반세포가 수초를 만들고, 중추

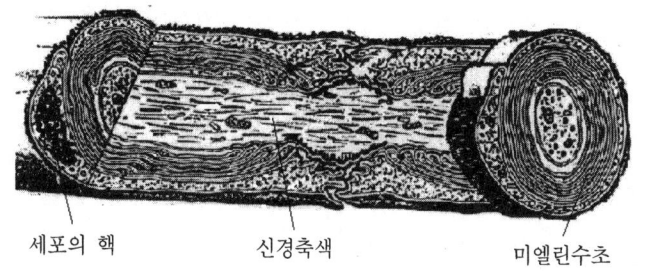

세포의 핵　　　　　신경축색　　　　　　미엘린수초

신경에서는 희돌기교세포(希突起膠細胞)가 세포질을 신경 섬유에 둘둘 말아서 만든다. 이 수초는 매우 불안정한 물 질로 알콜이나 벤젠류 등에 쉽게 녹아버린다. 미엘린이 없 으면 신호가 느리게 전달되거나 아예 전도되지 않을 수도 있다. 유전적 요인이나 후천성 질환으로 미엘린이 없어질 수 있는데 이 미엘린을 만드는 단백질이나 지질의 이상으 로 수초형성이 잘 되지 않아 병이 생기기도 한다.

주로 남자 아이에게 발병하는 펠리제우스-메르츠바하 (Pelizaeus-Merzbacher)병은 미엘린을 만드는 프로테오리피드 의 유전자인 PLP1(Proteo Lipid Protein)의 이상으로 생기는 병이다.

생후 3개월까지는 불규칙하게 눈을 움직이고, 소뇌나 대뇌의 백질에서 수초형성이 잘 안되고 말초신경의 수초형 성은 정상이다. 정신운동 발달지체가 생기고 경성사지마비 가 온다.

이 유전자는 X 염색체(Xq22)에 있다. PLP1 유전자는 다음 그림에서 보는 것처럼 신경섬유의 절연체인 수초를 만드는 역할을 하는 단백질이다. 두 겹의 세포막을 마치

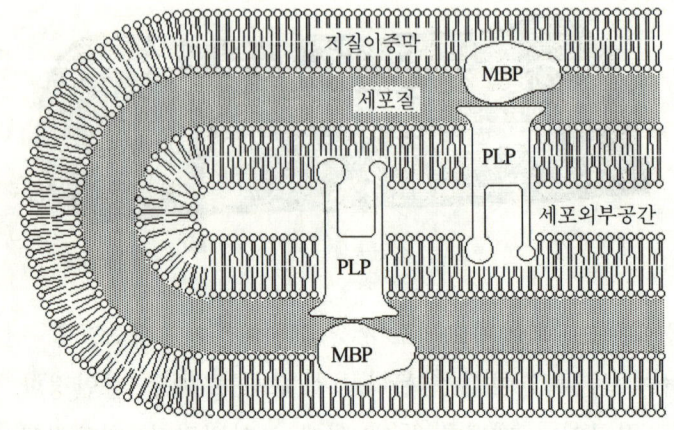

수초의 구조

옷핀처럼 접착시켜서 수초를 만든다. 이 단백질이 없으면 세포막은 들떠서 수초는 벗겨지고 말 것이다. 그리고 미엘린 염기 단백질의 유전자 MBP(Myelin Basic Protein)는 18번 염색체(18q23)에 있다.

그리고 미엘린 관련 당단백질(MAG ; Myelin Associated Glycoprotein) 유전자가 19번 염색체(19q13.1)에 있는데, 아직 알 수 없는 어떤 원인으로 이 미엘린 단백질에 대한 항체가 만들어져 자신의 수초를 파괴하는 병이 있다. 일종의 자가면역 질환이라고 할 수 있는데, 이 환자의 혈액에서는 MAG의 항체가 나온다.

〈행동을 결정하는 유전자〉

사람마다 독특한 몸짓이 있다. 그리고 그 몸짓은 부모에게서 자식으로 전해지는 것을 관찰 할 수 있다. 사람의 몸짓이나 행동도 유전되는 것일까?

　이제까지의 동물행동학은 야생에 나가서 동물의 행동을 관찰하고 그것을 해석하는 것을 주된 연구방법으로 하였다. 하지만 이것은 피상적인 것에 그쳐 버린다. 행동을 지배하고 있는 것은 뇌이기 때문에 뇌를 모르면 행동도 그 본질을 알 수 없다. 뇌는 이미 분자유전학적으로 충분히 연구되었고 앞으로 뇌의 유전자도 자세히 밝혀진다. 따라서 행동도 분자유전학적으로 연구할 수 있다.

　행동을 분자유전학적으로 해석한다는 것은 행동의 유전자를 찾는다는 것이다. 새끼가 부모를 닮는 것은 겉모습만이 아니고 행동도 닮는다. 유전자는 형질만 지배하는 것이 아니고 행동도 지배하고 있기 때문이다.

　하지만 아직까지 행동의 유전자를 찾아낸 사람은 없다. 하등동물이라면 모를까 고등동물의 경우는 유전 이외에 생후의 학습 등의 환경요인이 크게 작용하고 있기 때문에 행동 유전자를 찾기는 쉽지 않다. 더구나 행동에는 많은 유전자가 관여하기 때문에 특정 행동에 대한 특정 유전자가 있다고 해도 찾아내기는 쉽지 않다.

성격 유전자

　행동과 성격은 밀접하게 관련되어 있다. 행동에 관여하는 유전자가 있다면 성격에 관여하는 유전자도 있기 마련이다. 아무래도 아이의 성격은 부모의 성격을 닮기 마련

인 것도 이 때문이다. 어투라든가 특유의 몸짓, 세상을 바
라보는 관점, 즉 낙천적이라든가, 비관적이라든가, 신경질
적이라든가, 무관심형 등을 어느 정도는 닮는다. 즉, 성격
도 분명히 유전되는 것이다. 하지만 성격의 유전은 체형이
라든가 체질처럼 분명한 것은 아니다. 그래서 성격의 유전
에 대해 일란성쌍둥이를 대상으로 연구가 수행되었다. 그
결과 인간의 성격은 유전자가 대개 3분의 2의 영향을 주
고, 환경이 3분의 1의 영향을 미친다는 결과가 나왔다.

네덜란드 연구팀은 방화, 강간 등의 폭력적인 행동을
많이 하는 경향이 있는 가계를 조사하는 과정에서 신경전
달물질인 모노아민산화효소A(MAOA)의 유전자에 이상이
생긴 남성은 폭력적이 된다는 것을 알았다. 이 유전자는 X
염색체에 있기 때문에 주로 남성에게 이상이 나타난다. 이
유전자의 이상으로 뇌내 신경전달 물질의 대사가 잘 이루
어지지 않아 신경전달 물질이 쌓여 마치 과잉으로 분비된
것처럼 작용한다는 것이다.

그러나 인간의 성격은 이처럼 단지 한 가지의 유전자
로 결정되는 것은 아니다. 여러 가지 유전자들이 복합적으
로 작용하여 개성을 창출한다고 생각하고 있다.

〈성격유형학〉

서점에 가보면 혈액형으로 보는 성격, 필적으로 성격
알기 등의 서적들이 눈에 띤다. 대인관계에서 상대방의 성
격을 빨리 파악하고 그에 맞게 처신하는 것은 처세술로 매

우 유용하기 때문이다. 때문에 옛부터 인간의 성격을 분석하고 분류하는 학문이 발달했다.

독일의 철학자 딜타이(Wilhelm Dilthey, 1833~1911)는 철학적으로 인간의 성격을 크게 관능형, 영웅형, 명상형으로 구분했다.

슈플렌가는 생활 영역을 바탕으로 성격을 구분하였다.

경제형(인생의 목적이 돈이며 모든 것을 실용적으로 판단)
이론형(냉정하고 학문적이지만 차갑다)
심미형(아름다움을 추구하는 것이 기본이다)
종교형(성스러움을 추구한다)
권력형(남을 지배하기 좋아하고 권력 획득을 위해 노력한다)
사회형(사회 조직의 공동번영을 추구한다)

리어리는 대인관계에 중점을 두고 지배형, 경쟁형, 공격형, 반항형, 자기말살형, 순종형, 협조형, 관용형의 8가지 유형을 들었다. 그리고 최근에는 다음 표에서 보듯이 사람의 성격을 구분하여 보다 과학적으로 사람의 성격을 연구하는 것이 늘어나고 있다.

친구들간의 사귐이나 이성간의 교제에서 성격은 매우 중요한 문제의 하나이다. 흔히 이혼하는 부부들이 비록 표면적인 것이기는 하지만 이혼의 사유로 성격 차이를 들고 있는 것도 있다. 실제로 한 개인의 성격은 그 사람의 경제적인 활동에도 심각한 영향을 줄 수 있다. 회사에서 상사나

	고	저
외향성	사교적이고, 적극적이다.	부끄러워하고, 내성적이며 대중 앞에 나서지 못한다.
신경질증	초조하기 쉽고, 불안해 한다.	정서적으로 안정되어 있다.
의식성	권위를 좋아하고, 질서를 좋아한다.	형식을 무시하고 자유롭기를 원한다.
화합성	친절하고, 남에게 해를 주지 않으려고 한다.	남을 이용하려고만 한다.
개방성	호기심이 많고, 편견을 갖지 않는다.	고지식하고 완고하다.

부하의 성격을 파악하고 업무에 활용할 줄도 알아야 한다.

이처럼 성격의 문제는 인간·사회에서 매우 중요한 것이다. 인간의 성격 연구는 단순한 재미의 차원이 아니고 사회적으로도 매우 중요하다. 범죄자의 교화나 사회 구성원의 원만한 관계를 유지하기 위해서 인간의 성격을 연구한다. 한 개인의 성격형성을 연구하기 위해서는 성격이 교육이나 생활환경의 영향을 어느 정도 받는지 그리고 부모로부터 유전받는 생물학적 영향은 어느 정도인지 알아야 한다. 최근 인간의 성격에 대한 바탕이 되는 뇌내 호르몬이나 그 유전자들에 대한 연구가 진행되면서 이러한 문제가 차근차근 체계적으로 잡혀가고 있는 것이다.

〈인간의 성격을 결정하는 호르몬〉

인간의 뇌세포는 호르몬이라고 부르는 특수한 물질을 분비해서 서로 정보를 주고받는다. 이들 호르몬의 양에 의

해 감정의 미묘한 변화가 일어난다고 할 수 있다. 뇌 안에
서 분비되는 주요 호르몬으로 세로토닌(serotonin), 아드레
날린(adrenaline), 도파민(dopamine) 등이 있다. 특히 이 3가
지 호르몬은 인간의 성격을 결정하는 호르몬이라고 할 수
있는 것이다.

　이들이 어떤 비율로 분비되어 뇌에 영향을 미쳐 각 개
인의 특유한 성격을 결정한다. 이들 호르몬의 대소의 조합
으로 인간의 성격을 다음과 같이 8가지의 성격으로 크게
구분할 수 있다. 물론 인간의 성격은 매우 미묘하고 복잡
한 것이기에 이것은 대략적인 것으로 생각해 주기 바란다.
이제 각 호르몬의 역할을 알아보고 이들이 조합되었을 때
를 생각해 보자.

	△(세로토닌), ○(아드레날린), □(도파민)			
■고 □저	▲●■ (완벽형)	▲●□ (변덕형)	▲○■ (성실형)	▲○□ (도피형)
	△●■ (호걸형)	△●□ (공격형)	△○■ (쾌락형)	△○□ (우울형)

　첫번째 세로토닌은 뇌의 시상하부나 대뇌변연계에 많
이 존재하는 호르몬으로 여기서 인간의 본능에 브레이크를
거는 것으로 생각된다. 시상하부나 대뇌변연계는 원시적인
욕구인 성욕이나 식욕, 공격성을 만드는데 표준량의 세로
토닌은 이들을 진정시키고, 대뇌 신피질의 기능을 높여 이

성을 예리하게 한다. 그리고 나아가 수면의 리듬도 조절한다. 그러나 세로토닌의 분비가 과잉이 되면, 공포심에 사로잡혀 신경질적이 되고, 행동도 어색하고 딱딱해진다. 역으로 세로토닌이 적으면 뇌에 브레이크가 없는 상태가 된다. 일시적인 감정에 사로잡혀 폭력적이고 본능적으로 되며, 지나치면 우울증에 빠져 자살하기도 한다. 세로토닌이 적으면 친구도 적다. 또 세로토닌은 혈관수축작용을 하는 물질로 지혈을 하여 상처가 잘 아물게 한다. 그리고 자궁, 기관지 등의 민무늬근도 수축시키는 작용이 있다.

두번째로 아드레날린은 교감신경의 자극 전달 물질로 교감신경을 자극해 심장의 박동을 빨리 하고 모세혈관을 수축시켜 혈압을 상승시킨다. 한마디로 육체를 긴장시키는 것이다. 그리고 뇌에 대해서도 공격성을 높여 인간 정신을 위험에 대응하여 전투체제로 바꾼다. 즉, 이성을 흥분상태로 몰고 간다. 이처럼 아드레날린은 경고 호르몬인 것이다.

적당한 아드레날린은 사람을 적극적인 자신감과 활력을 불어넣어 준다. 하지만 지나치면 잔인한 범죄로까지 발전하는 활동성이 높은 호르몬이다. 역으로 분비가 적으면 의욕이 없고, 어떤 일도 무관심해서 흥분하지 않는다.

성룡의 액션 영화를 보면 대부분의 결말에 이르러 악당들의 비열한 짓에 성룡이 머리끝까지 분노하여 악당과 치열한 결투를 하는 장면을 볼 수 있다. 이처럼 독한 살기를 내뿜는 것의 정체가 바로 아드레날린이다.

세번째 도파민은 쾌감을 전달하는 호르몬으로 인간은

쾌감을 얻기 위한 행동을 한다. 이 호르몬은 인간 의지의 원동력이 된다. 쾌감을 느끼는 A10신경을 흥분시키는 물질로 이 호르몬이 분비되면 기분 좋은 일을 찾아다닌다. 식욕이나 성욕도 도파민 분비를 촉진한다. 도파민이 너무 많이 분비되면 뇌가 과열되어 정신이상을 초래한다. 부족하면 몸을 떠는 파킨슨병에 걸린다.

이상으로 이들 세가지 호르몬이 고루 작용하여 인간의 성격을 형성하는 것이다. 즉 위에서 말한 것처럼 세로토닌이 잘 분비되고 아드레날린이 좀 부족하고 도파민이 충분하면 게을러지려는 본능을 억제하고, 기분 좋은 일을 찾아 성실하게 일을 하는 성격이 된다.

〈완벽형〉

세로토닌, 아드레날린, 도파민의 분비가 왕성하여, 집중력 있게 일을 하며 뛰어난 능력을 발휘한다. 섬세하고 끈기도 있다. 그러한 완벽함을 남에게도 기대하기 때문에 주위로부터 원망의 소리도 듣는다. 레오나르도 다빈치나 이순신 같은 인물이다.

〈변덕형〉

완벽형에서 도파민의 분비가 적은 것이다. 때문에 꼼꼼하고 협력적이고 끈기도 있다. 하지만 결단을 잘 내리지 못하고 이랬다 저랬다 변덕이 심하다.

〈성실형〉

완벽형에서 아드레날린의 분비가 떨어진 형으로 성실하고 온후하며, 분별력이 있지만 융통성이 없다. 그리고 적극적이지도 않다. 소극적으로 자신의 것만 착실하게 할 뿐이다.

〈도피형〉

세로토닌의 분비만 왕성한 형으로 순진하고, 섬세한 성격이다. 곧 거부, 부정, 모욕에 등에 민감하다. 사람들과 협력할 줄은 알지만 자신에게 전혀 자신감이 없다.

〈호걸형〉

도피형과 반대로 세로토닌 분비가 적고 나머지 호르몬의 분비는 좋다. 때문에 뭐라도 할 수 있다는 자신이 있고, 배짱이 좋다. 판단력이나 결단력, 행동력도 좋다. 단점이라면 후안무취다. 항우 같은 인물이다.

〈공격형〉

아드레날린이 많으면 승부욕이 있으며 지기 싫어한다. 자기중심적이고 자신의 길을 고집한다. 자기를 혹평하는 사람은 바로 되받아친다. 대인관계에 주의가 필요할 정도다.

단기적이고 충동적이다. 장래를 위해 계획을 세우는 따위는 하지 않는다. 주위를 의식하지도 않으며, 타협도 없다. 탁 터놓는 성격으로 음흉하진 않지만, 아무리 친한 친구도 울컥 공격하기 쉽다. 자기 수준 이상의 배우자를 찾는 눈이 높은 형이다. 히틀러 같은 독재자가 되기 쉽다.

〈쾌락형〉

도파민이 많은 사람은 어떤 일이라도 흥미를 보인다. 외향적이고 쾌활하다. 작은 것에도 즐거움을 느끼고, 마음에 여유가 있기 때문에 다른 사람에게 호감을 준다. 세상을 너무 낙천적으로만 바라본다. 그리고 삶은 즐기는데 목적이 있다고 생각한다.

좋은 환경에서 자란 사람이 많기 때문에 감정의 기복이 완만하고 누구나 친구가 된다. 하지만 뭔가를 집요하게 집중하는 것이 부족하다. 모차르트 같은 예술가 타입으로 예술적 감성이 풍부하다.

〈우울형〉

세로토닌이 적게 분비되는 사람은 충동을 억제하는 자제력이 약하다. 갈등이나 욕구불만을 잘 다스리지 못한다. 그리고 어떤 일도 참을성 있게 수행하지 못하며, 끈기가 없고 변덕스럽다. 더구나 아드레날린도 낮아 스트레스를 발산하지 못하고 속으로 참는 경향이 있다. 그리고 불쾌하더라도 남에게 싫은 소리를 못한다.

도파민도 낮아 작은 것에 기뻐할 줄 모르고, 역으로 불쾌감에는 민감하고 스트레스를 받기 쉽다. 이 스트레스는 대인관계에 균열을 가져온다. 자신을 내세우지 못해 스스로에게 자신이 없고, 마음에 여유도 없다. 좋은 인간관계를 지속하기 어렵고, 친구나 상사에게 무시당하면 기운을 잃고 만다.

이상으로 인간의 성격을 형성하는 호르몬에 대해서 알아보았다. 그렇다면 이들 호르몬의 분비량을 결정하는 유전자들이 바로 성격 유전자의 하나라고 할 수 있을 것이다.

〈IQ 유전자〉

사람의 IQ를 결정하는 유전자가 있을까? 영국 런던대학 정신의학연구소의 플로민(Robert Plomin)은 IQ가 평균 136인 51명의 수재그룹과 평균 103인 51명의 보통그룹을 비교한 결과 6번 염색체의 IGF2R(Insulin like Growth Factor 2 Receptor)이라는 유전자가 지능과 관련이 있다고 발표했다. IGF2R에는 9가지 유형이 있는데 이중에서 타입5가 IQ가 높은 사람들에게서 상당히 많이 발견된다는 통계치를 얻었다. 다음 표가 그것이다.

하지만 대다수의 과학자들은 IGF2R 유전자가 지능을 결정하는 결정적인 유전자라고 생각하지는 않는다. 지능은 여러 가지 요인이 복합적으로 작용하여 형성되기 때문이다. 차라리 신경세포를 형성하는 유전자들이 보다 더 IQ와 밀접하고 직접적인 관계가 있다고 생각된다.

		타입5	타입5 이외
1 그룹	IQ고	29%	71%
	보통	15%	85%
2 그룹	IQ고	33%	67%
	보통	16%	84%
전체	IQ고	31%	69%
	보통	15%	85%

치매 유전자

뇌와 관련된 유전자로 치매 유전자가 있다. 흔히 노망이라고도 하는 치매는 지능, 의지력, 기억력 등의 정신적인 능력이 심각하게 감퇴되어 인격이 붕괴되는 무서운 질병이다. 미국 전 대통령이었던 레이건(R. Reagan)이 이 병을 앓고 있다고 알려지면서 주목받았다. 특히 요즘에 노인인구의 증가와 함께 치매는 이제 사회 보건복지 측면에서도 중요한 질환이 되고 있다. 국내에는 약 25만 명의 치매환자가 있으며, 이들을 돌보는 가족들의 고통은 이루 말할 수 없다. 미국의 경우 약 400만 명의 치매환자를 돌보는 데 1년에 1,000억 달러라는 막대한 사회적 비용을 치르고 있다.

치매는 발병 전에는 정상적이었던 사람이 대뇌신경세포의 광범위한 손상으로 뇌가 위축되면서 생기는 병이다. 많은 뇌세포가 죽어 뇌의 제 기능을 상실함으로써 마치 어린아이처럼 대소변도 못 가릴 정도가 되며, 성격도 어린아이처럼 변한다. 치매에는 노인성 치매, 매독에 의한 진행마

비, 간질 발작으로 일어나는 간질치매 등이 있다.

치매의 종류로 가장 흔한 것은 노인성 치매로 이것을 알츠하이머(Alzheimer)형 치매라고 부르기도 한다. 알츠하이머 치매에는 유전성이 강한 것과 그렇지 않은 것으로 나누어지기도 한다. 과학자들이 알츠하이머 치매환자 가계를 조사하여, 알츠하이머 치매의 유전자가 밝혀지고 있다.

알츠하이머 환자의 뇌에는 노인반이라는 흑갈색의 점들이 생기는데 이것은 뇌세포들이 죽어서 생기는 것으로 뇌세포에 β-아밀로이드라는 단백질이 쌓여 뇌세포를 죽게 만든다. 이 단백질은 21번 염색체(21q21.3)에 있는 아밀로이드 전구체(前驅體) 단백질(APP ; Amyloid beta(A4) Precursor Protein) 유전자의 돌연변이로 생긴다는 것이 1991년에 밝혀졌다.

또 19번 염색체의 아포이(ApoE ; Apolipo protein E) 단백질 4형 유전자가 알츠하이머 치매 발생을 3배 이상 높인다. 이 단백질은 혈액 속의 지방을 운반하는데 관여하는 단백질로 이들의 이상은 혈액의 콜레스테롤치를 높여 혈관을 막아 동맥경화에 걸리게 한다거나 하여 치매를 유발하는 것으로 생각된다.

눈의 유전자

사진은 단순한 구조의 플라나리아의 눈이다. 아직 렌즈도 없고 빛을 느끼는 시세포의 수도 매우 적다. 이 눈은 사

물의 구체적인 모습이나 색깔
등은 볼 수 없고 단지 빛이 어
느 방향으로 비추는 지만 파악
하고 빛과 반대방향으로 움직
이기 위해 필요한 눈일 뿐이다.

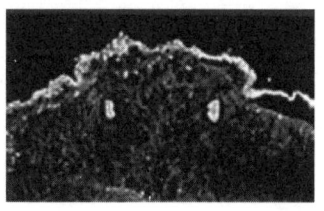

　인간과 같은 척추동물의 눈과 곤충의 복안, 그리고 문
어 눈의 구조는 서로 매우 다르다. 그래서 이들은 별개의
선조로부터 진화했다고 생각하지만, 스위스 바젤대학의 게
링(Walter J. Gehring) 박사는 모두 공통의 선조에서 유래한
다고 생각하고 있다. 1995년 게링 박사는 초파리의 눈의
형태형성에 관여하는 유전자(eyeless)를 조사했다. 이 유전
자는 복안을 만드는 마스터 유전자인데 인간의 눈을 만드
는 PAX-6유전자와 작용이 유사하다.

　PAX-6 유전자는 곤충에서 포유류에 이르기까지 넓은
생물 종에 걸쳐서 눈의 형태형성이나 신경계의 발생에 관
여하고 있는 것이다. 곤충과 인간의 공통 선조에 해당하는
동물에서 유전자가 미묘하게 달라져서 인간의 눈과 곤충의

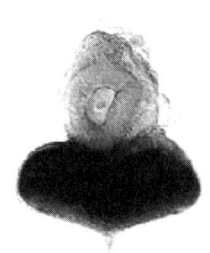
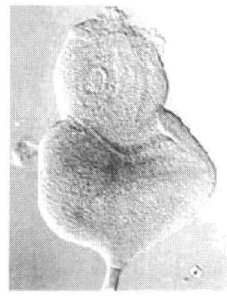
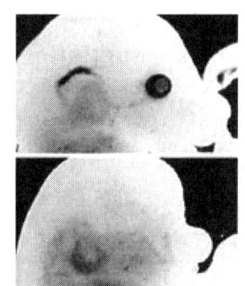

눈으로 분기되었다고 생각된다.

사진의 왼쪽은 초파리에서 장래 눈이 되는 부분에서 PAX-6 유전자가 작용하는 모습(푸르게 염색된 부분)을 찍은 것이다.

오른쪽은 눈이 생기지 않는 아이리스 돌연변이로 PAX-6 유전자의 발현이 보이지 않는다. PAX-6 유전자는 생쥐에서도 눈을 만드는 작용을 한다. 위는 보통 생쥐, 아래는 PAX-6 유전자가 작동하지 않는 작은 눈 돌연변이이다. 이렇게 같은 유전자가 눈을 만드는데 작용한다는 것으로부터 그러한 추측이 가능한 것이다.

눈은 매우 복잡한 기관의 하나로 눈에 대한 유전자의 수는 이외에도 많다. 따라서 이들 유전자의 잘못으로 눈에 이상이 생기는 유전병도 적지 않다. 유전성 실명의 가장 일반적 증상인 망막색소변성증(RP1 : Retinitis Pigmentosa 1)은 어느 인종에서나 4,000명에 한 명 꼴로 발생한다. 환자는 야맹증, 시야협착증이 시작되다가 결국에는 실명한다. 이것은 망막이 점점 퇴행하기 때문이다. 이 증상은 우성유전으로 이 유전자를 찾는데 미국 필라델피아 펜실베니아 대학 피어스(Eric A. Pierce) 등은 8번 염색체(8q11-q13)에 있다는 것을 알게 되었다.

한편 미국 휴스톤의 텍사스대학 보건과학 센터 설리반(Lori S. Sullivan) 등의 다국적 연구팀은 전통적인 방법으로 RP1 유전자를 조사하여 결함을 일으키는 돌연변이에 대해 알게 되었다. 단 한 군데의 점 돌연변이가 이상의 원인이었던 것이다.

피부의 유전자

피부는 몸의 표면을 덮고 있는 중요한 장기의 하나이다. 피부의 넓이는 약 $1.5m^2$로 무게는 약 3kg의 가장 넓은 장기이다. 만일 화상 등으로 피부의 3분의 1을 잃어버리면 체온조절 등을 하지 못해 생명이 위태롭게 된다. 피부는 표면에 위치한 표피조직과 그 밑에 있는 진피로 크게 구분된다.

표피조직의 임무는 인체 내의 수분이 손실되지 않도록 하고 세균이나 자외선 같은 외부의 해로운 물질을 막는 보호막 기능이다. 제일 겉에 여러 겹으로 쌓여 있는 각질층, 색소를 형성해 자외선을 차단시키는 세포, 면역기능을 갖는 랑게르한스 세포, 머리카락이나 털을 형성하는 모발 세포, 그리고 땀샘과 같은 부속 기관이 이곳에 있다.

기저세포는 표피조직의 제일 아래에 위치한다. 기저세포 자체는 별다른 보호막 기능을 갖지 않지만 보호의 일선에 필요한 다양한 세포들을 만드는 모체다. 기저세포는 분열하여 자꾸 바깥쪽으로 밀려난다. 바깥쪽으로 밀려나는 세포들은 내부에 아교라고도 하는 젤라틴(gelatine)이라는 단백질을 만들어내어 세포는 죽게 되고 각질화하는 것이다.

표피 아래의 진피는 실처럼 얽혀 있는 섬유상 단백질인 콜라겐과 섬유아 세포들이 듬성듬성 섞여 있는 조직이

다. 모세혈관은 바로 진피까지만 도달해 있기 때문에 영양
분이나 여러 성장인자들은 확산을 통해 표피층 세포에 공
급된다.

〈피부색〉

인류를 크게 흑인종, 황인종, 백인종 등으로 구분하는
기준은 피부색이다. 이 피부색을 결정하는 것은 표피 안의
멜라노사이트(melanocyte)라는 세포가 만드는 흑갈색의 멜
라닌(melanin) 색소의 양에 의해서이다. 인종에 상관없이
멜라노사이트 세포 수는 같지만 멜라닌 색소를 만드는 것
이 유전적으로 다르기 때문이다. 인간은 99.9% 유전자가
일치하지만 0.1%의 SNP 차이 때문에 키와 피부색이 달라
지게 된다.

간장의 유전자

간장을 만드는 데는 2,091개라는 뇌 다음으로 많은 유
전자를 필요로 하고 있다. 간장은 그만큼 중요한 기관이라
는 것을 의미한다. 간장은 임신 3주쯤에 내장(내배엽상피)
의 일부가 돌출하여 간장으로 발달하기 시작한다. 임신 10
주 경에 간장은 크게 발달하여 피를 만드는 기능을 시작한
다. 하지만 출생 시에는 피를 만드는 기능은 거의 정지된
다.

이렇게 발달한 간 조직은 50만개의 간세포가 중심정맥

이라는 가는 정맥을 중심으로 하여 방사상으로 배열되고, 간세포 사이에 뻗어 있는 그물 모양의 모세혈관이나 담모세관(膽毛細管)으로 간소엽(肝小葉)을 만든다. 이 간소엽이 50만개 모여 간장을 만드는 것이다. 이렇게 복잡한 구조를 하고 있는 간장은 우리 몸 안에서 무려 500여 가지의 일을 하고 있다. 즉 500여 가지의 효소를 생산한다고 말할 수 있다. 이처럼 간장은 신체의 대사작용에서 가장 중심을 이루는 장기이다.

간장의 주요한 기능은 소장에서 흡수한 영양분을 저장, 처리하는 기능과 몸에서 생긴 암모니아 등의 독성물질을 해독하는 일, 글리코겐을 합성하고, 혈장 알부민이나 혈액응고에 필요한 피브리노겐, 프로트롬빈 등의 단백질을 합성한다. 또 혈액응고를 방지하는 작용이 있는 헤파린도 방출한다. 그리고 지질, 핵산, 비타민류 등의 생합성과 분해, 그리고 담즙 분비 등의 일을 한다.

요즘에 술좌석 등을 통해 얻은 간염이나 간경화, 간암 등으로 고통받는 사람들이 많은데 앞으로 간 유전자의 연구로 자신의 세포로부터 간장을 만드는 인공장기 생산기술이 개발되면 병든 간장을 떼어내고, 건강한 간장으로 이식할 수 있을 것이다. 미국의 한 의약 회사는 돼지의 간세포를 사용한 인공간을 개발했다. 이러한 기술이 축적되고 언젠가는 환자에게 적합한 인공간장을 생산할 수 있을 것이다.

췌장의 유전자

이자라고도 하는 췌장(pancreas)은 길이 15cm의 길고 가느다란 소화선으로 췌액이라는 소화액을 십이지장으로 분비한다. 췌액은 하루에 약 1.5 l 정도 분비되는데 그 분비량은 세크레틴이라는 호르몬에 의해 조절된다. 췌장조직의 99%는 포도상선으로 약 30개의 세포로 이루어진 췌소엽 800만개 정도로 이루어진다. 췌소엽에서는 알칼리성 소화액을 만든다.

췌장염, 췌장암 등의 병으로 췌장이 트립신, 리파아제, 아밀라아제 등의 소화효소가 들어 있는 췌액을 제대로 생산하지 못해, 췌액이 부족하여 생기는 췌액결핍증은 설사나 무른 변이 보이는 증상을 나타내며, 췌액의 결핍 상태가 오래되면 체중이 감소된다.

췌소엽 사이에는 췌장 전체의 1~2% 정도 크기의 특수한 조직인 랑게르한스 섬이 존재한다. 1869년 독일의 병리학자 랑게르한스(Paul Langerhans, 1847~1888)가 발견하였다. 랑게르한스 섬은 췌장 내에 섬 모양으로 산재하는 지름 50에서 200μm의 작은 내분비선으로 약 200만개가 여기저기 흩어져 있다. 랑게르한스 섬은 10개에서 수백 개의 선세포로 이루어지는데 그 속에 4종류의 세포가 있다. 과립을 가진 분비세포는 2 종류로, 크고 수가 많은 것을 α 세포, 수가 적은 것을 β 세포라고 한다. α 세포에서는 혈당을 증가시키는 작용을 하는 호르몬인 글루카곤(glucagon)이 만들어지고, 글루카곤은 간장에 저장되어 있는 글리코겐을 분해하여 포도당 방출을 증대시킨다.

β 세포에서는 미주신경의 명령이나 성장호르몬을 받으면 인슐린(insulin)을 분비한다. 인슐린은 골격근, 지방을 비롯하여 각 조직에서 에너지원인 포도당(글루코스)를 섭취하여 그 사용을 촉진하며, 혈액 속의 혈당을 떨어뜨린다. 그리고 간장에서는 포도당 생산을 억누른다. 나아가 지방세포에서는 지방산, 글리세롤의 방출을 억제시킨다.

만일 췌장이 인슐린을 생산하지 못하면 이 과정이 억제돼 세포들은 에너지를 얻지 못해 힘을 쓰지 못하여 몸은 쉽게 피로해지고, 남아도는 포도당이 오줌으로 빠져나가는 당뇨병에 걸리게 된다. 즉 혈액에는 포도당이 많고 정작 포도당이 필요한 신체 곳곳의 세포는 기아상태에 시달리게 된다.

〈당뇨병 유전자(IRS-2)〉

만일 가족 중에 당뇨병이 있는 사람이 있다면 자신도 당뇨병에 걸릴 확률이 높아진다. 즉 당뇨병은 유전성을 가지고 있다. 6번 염색체에 있는 주조직적합 항원군 유전자(DDM1)에 이상이 생기면 자신의 T 임파구가 자기 췌장의 인슐린 분비세포를 공격해 인슐린 분비가 안 되어 소아형 당뇨병을 생기게 한다.

11번 염색체(11p13)에는 윌름 종양(WT 1 : Wilm's Tumor)과 관련된 유전자가 있다. 그리고 부족하면 당뇨병을 일으키는 인슐린을 만드는 유전자가 있다.

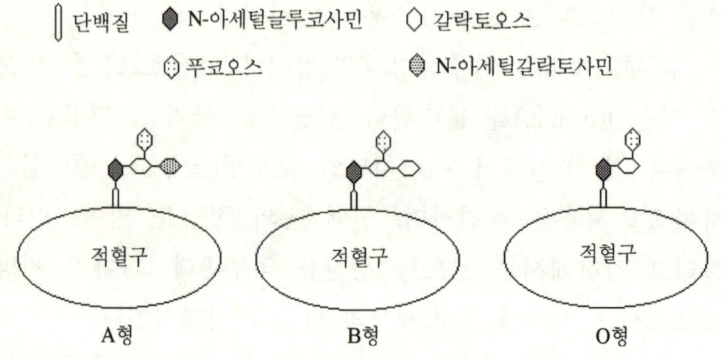

혈액의 유전자

혈액은 혈관 속을 흐르는 액상의 조직으로 신체조직에
각종 영양분과 산소를 운반하고, 노폐물과 이산화탄소를
몸 밖으로 버리는 역할을 하고 있다. 혈액은 액체성분인
혈장과 혈구로 이루어진다. 혈구에는 적혈구, 백혈구, 혈소
판 등이 있다. 약 5리터 정도의 혈액에는 25조개의 적혈구
와 300억개의 백혈구, 3조개의 혈소판이 들어 있다.

부상 등으로 출혈이 심해 우리가 수혈을 할 때는 혈액
형 검사를 한다. 혈액형은 부모로부터 유전되는 것으로 혈
액형을 결정하는 유전자가 있다. 혈액형은 적혈구 표면의
당단백질의 종류에 의해 결정된다. 적혈구에는 약 100만개
의 당단백질이 붙어 있는데 이 당단백질은 혈청 속의 항체
의 항원이 된다. 이것은 오스트리아 의사 란트슈타이너
(Karl Landsteiner, 1868~1943)가 발견하여 노벨상을 받았다.

A형은 N-아세틸갈락토사민 전이효소 유전자가 다음

그림과 같은 항원을 만들며, B형은 갈락토오스 전이효소 유전자가 만든다. 그리고 O형은 A형이나 B형을 만드는 유전자가 없다. 한때 혈액형으로 사람의 성격을 판단하는 것이 유행한 적도 있다. A형은 보수적이며, 고집이 세고, B형은 자유분방하고 부드러운 성격이며, O형은 성격이 급하고 직설적이며, AB형은 사교적이라는 식이다. 하지만 아무런 과학적인 근거는 없다.

이외에도 혈액에 관련된 유전자로는 출혈이 멈추지 않는 혈우병 유전자가 있으며, 낫형 적혈구 빈혈증 유전자가 있다. 헤모글로빈의 β 사슬을 만드는 유전자의 GAG 코드가 GTG로 돌연변이 하여 만들어진 헤모글로빈 분자끼리는 서로 결합하여 기다란 섬유를 만든다. 이 헤모글로빈 섬유는 적혈구를 길쭉하게 만들어 마치 낫 모양이 되게 하기 때문에 낫형 적혈구라고 부른다. 낫 모양으로 길쭉해진 적혈구는 쉽게 구부러지지 않아 매우 가느다란 모세혈관에 걸려 혈액의 흐름을 방해하여 악성 빈혈을 일으킨다. 이것이 흑인에게 잘 나타나는 낫형 적혈구 빈혈증이다.

형태형성 유전자

같은 인간이라도 인간의 모습은 각양각색이다. 팔다리가 기다란 길죽이, 팔다리가 짧고 몽땅한 사람, 균형 잡힌 몸매를 가진 사람 등등 다양하다. 이러한 모습의 차이는

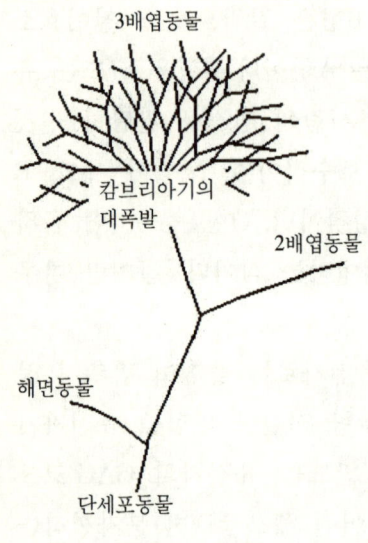

어디에서 기인한 것일까? 영양조건 등의 환경 차이도 있겠지만 역시 자식의 모습이 부모를 많이 닮은 것을 보면 유전의 영향도 있다고 생각한다. 지금부터는 인간의 외형을 결정하는 유전자들에 대해 알아보자.

분자유전학에서 1980년대 초 모든 생물의 체절구조를 만드는 호메오 박스 유전자군이라는 일군의 공통유전자가 발견되어 발생학에 큰 충격을 주었다.

생물의 몸은 하나의 수정란이 세포분열을 거듭 되풀이하여 만들어진다. 이때 각각의 세포가 어느 기관으로 분화하는가를 결정하는 유전자는 하등생물에서부터 사람과 같은 고등생물에 이르기까지 공통적으로 볼 수 있다. 그것은 이 유전자가 다음 그림처럼 최초의 선조 유전자에서 진화되어 나왔기 때문이다.

지금부터 약 6억년 전에서 약 5억년 전까지의 대략 1억년간의 캄브리아(Cambria)기에 현재 살고 있는 모든 생물, 방산충, 해면동물, 강장동물, 극피동물, 완족류, 연체동물, 절지동물, 척추동물 등의 기본형이 된 동물들이 다양하게 등장한 생물 진화상의 대사건이 벌어졌다.

생물들의 진화로 외부 형태는 많이 변하였지만, 캄브리아기에 형성된 기본구조는 거의 변하지 않았다. 즉 이후의 진화는 작은 변화밖에는 없었다는 것을 의미한다. 캄브리아기에 폭발적으로 나타난 기괴한 동물들의 모습을 보면 다음과 같다.

이들을 보고 있노라면 유전자가 얼마나 다양해질 수 있는지를 알 수 있다. 즉 우리가 알고 있는 생물들의 모습은 생물이 존재할 수 있는 한 가능성에 지나지 않으며 생물은 우리가 상상하는 것 이상으로 다양한 모습으로 존재할 수 있는 것이다.

호메오 유전자

여기서는 동물의 형태형성을 지배하는 유전자에 대해 알아보자. 한 생명의 출발점인 수정란이 세포분열을 거듭하면서 발생 분화를 해 나아갈 때 각각의 세포는 주어진 위치에 따라 특정한 세포로 변해가면서 몸통, 머리, 팔다리 등을 만들어간다. 그렇게 하여 각 생물 종의 독특한 모습을 갖추게 된다.

그런데 개체의 발생은 오로지 수정란의 유전자에 의해서만 결정되는 것은 아니다. 어머니의 유전자에 의존해서 작용을 나타내는 모체효과 유전자(maternal effect genes)라는 것이 있다. 이것은 수정란의 전후 축을 결정하는 유전자이다. 다음으로 체절을 결정하는 체절극성 유전자

캄브리아기의 괴물들

(segment polarity genes), 그리고 호메오틱(homeotic) 유전자 등으로 여러 유전자가 적당한 시기에 적당한 장소에서 발현하여 복잡한 개체의 모습을 갖추어 간다.

특히 호메오틱 유전자들은 모체효과 유전자, 체절극성 유전자들이 구획지워 놓은 몸의 각 체절에서 각 체절의 특징에 맞게 팔다리 등의 형태 형성에 관여한다.

처음으로 이 호메오틱 유전자를 연구한 사람은 미국의 발생생물학자 루이스(Edward B. Lewis, 1918.5.20)다. 그는 초파리의 몸 일부가 비정상적으로 돌연변이 하는 것들을 수집하여 연구하면서 초파리의 각 체절의 발달을 조절하는 유전자 무리가 있다는 가설을 세웠다. 루이스 박사는 날개가 4장 달린 초파리를 발생시키는 돌연변이의 메커니즘을

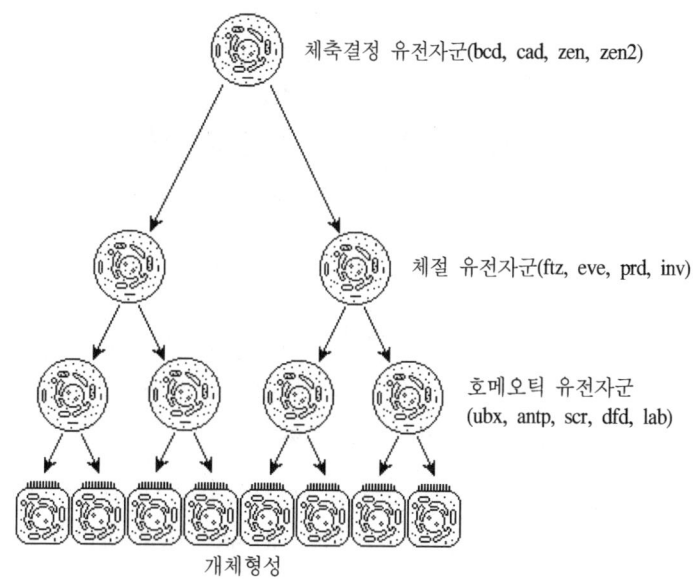

체축결정 유전자군(bcd, cad, zen, zen2)

체절 유전자군(ftz, eve, prd, inv)

호메오틱 유전자군
(ubx, antp, scr, dfd, lab)

개체형성

연구하였다. 그리고 1978년에 개개의 몸마디가 어느 기관에서 발달하는가를 결정하는 유전자군을 발견하였다. 이들 유전자군은 염색체상에서도 머리에서 꼬리를 향해 차례로 배열되어 있었다.

한편 미국의 생물학자 위샤우스(Eric F. Wieschaus, 1947. 6. 8)는 독일 튀빙겐 막스플랑크연구소의 여류 발생생물학자 뉘슬라인-폴하르트(Christiane Nusslein-Volhard, 1942. 10. 20)와 함께 하이델베르크의 유럽 분자생물학실험실에서 공동으로, 초파리의 수정란이 어떻게 체절성을 띠게 되는가를 연구한 끝에 몸의 구조를 결정하는 배(胚)의 마스터 유전자 무리를 발견하였다. 즉 1980년에 유전자에 변화를 일으키는 화학물질이나 돌연변이 원으로 초파리를 처리하여 돌연변이

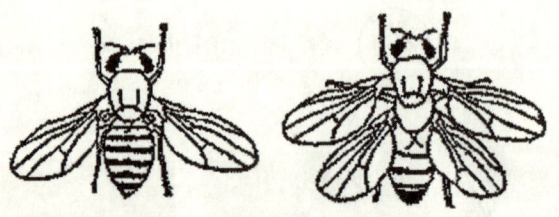

정상 초파리와 돌연변이 초파리

를 일으킨 유전자는 비정상적인 체절을 만들어낸다는 사실을 밝혀냈다. 이 연구 결과를 인정받아 루이스, 위샤우스, 뉘슬라인-폴하르트는 공동으로 1995년도 노벨 생리 · 의학상을 받았다. 또한 이들의 연구 결과는 사람의 일부 선천성 기형을 설명하는 데 도움을 줄 것으로 평가되고 있다.

미국 스탠퍼드대학의 호그네스(David S. Hogness, 1952 ~)도 호메오 유전자의 연구에 깊이 관여하였으며 특히 1986년에는 인간의 시각색소 유전자를 분리해 내었다. 호메오 유전자에는 180 염기쌍의 공통부분이 있다. 이 부분을 호메오 박스(homeo box : HOX)라고 이름 붙인 것은 스위스 바젤대학의 게링(Walter J. Gehring)이다. 호메오 박스는 호메오 도메인이라고 부르는 단백질을 코딩하고 있다. 두 개의 나선이 꺾여 있는 구조를 하고 있는 호메오 도메인은 다른 DNA에 붙어 그 유전자의 발현을 조절한다. 여러 척추동물의 호메오 박스를 연구한 결과 이들이 모두 구조나 기능에서 비슷하다는 것이 밝혀졌다. 현재 HOX 유전자는 사람과 생쥐에서 각각 39개씩 발견되었으며, 이들은 염색체상에서 유전자군(cluster)을 이루며 존재하고 있다. 즉

루이스　　　　　　위샤우스　　　　뉘슬라인 폴하르트

이들은 수백만년의 진화를 거치면서도 잘 보존되어 왔다는
것을 의미한다.

비만 유전자

인간의 몸은 연료를 태워 돌아가는 일종의 화학기계이
다. 그 에너지원으로 탄수화물, 지방, 단백질 등을 태워서
만든다. 하지만 그림에서 보는 것처럼 몸무게 70kg의 사람
의 경우 43kg은 순수한 물이고, 단백질과 저장지방을 합해
22.5kg, 그리고 무기질, 글리코겐, 핵산 등을 합해 4.5kg이
다. 탄수화물이 글리코겐으로 간장에 저장된다고 해도 하
루 분에 지나지 않을 만큼 매우 적다. 그리고 단백질은 주
로 생체를 구성하는 재료로 이용되며, 에너지원으로는 그
다지 사용하지 않는다.

따라서 인간이 근육을 움직여 활동하는데 필요한 주된
에너지는 바로 지방이다. 더구나 지방은 유사시에 위력을

발휘하는 에너지원이다. 지방은 탄
수화물이나 단백질의 2배의 에너
지를 낼 수 있다. 그리고 지방은
그림에서 보는 것처럼 몸에 대량으
로 저장하는 것이 가능하다. 즉 뇌
에서 주로 사용하는 에너지원은 탄
수화물이고 몸의 근육에서 주로 사
용하는 에너지원은 지방인 셈이다.

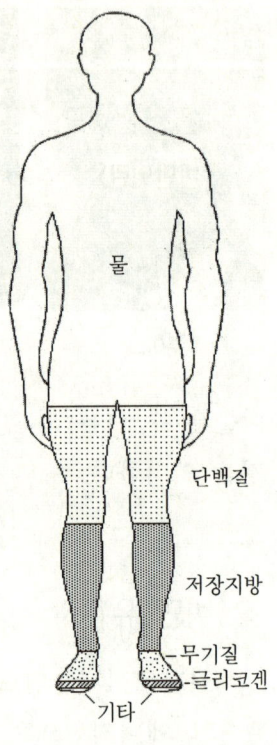

물

단백질

저장지방

무기질
글리코겐

기타

이렇게 우리 몸에서 중요한
에너지원인 지방의 저장에 이상이
생긴 것이 비만이다. 비만은 현대
인들을 괴롭히는 골치덩어리 중에
하나이다. 예전에는 하루 끼니를
걱정하던 보릿고개 시절도 있었지
만 지금은 너무 많이 먹고, 너무
살이 쪄서 고민인 것이다. 그런데 문제는 많이 먹어도 살
이 좀처럼 찌지 않는 사람이 있는가 하면, 살이 찌는 것이
무서워 극한적인 다이어트를 하는 데도 불구하고 살이 찌
는 사람이 있다는 것이다. 이것은 체질의 문제로 신진대사
가 활발한 사람은 많이 먹어도 먹은 만큼 열에너지 등으로
방출하기 때문에 살이 안 찌지만, 신진대사가 그다지 활발
하지 않으면 살이 찌는 것이다. 이 체질이 바로 유전자에
의해 결정된다는 것이 오늘날 서서히 밝혀지고 있는 것이
다. 즉 비만 유전자가 존재한다는 것이다. 이제부터 비만

유전자가 어떻게 작용해서 살이 찌는지 그 원인과 과정을 자세히 알아보고 그 대책도 세워보자.

〈비만이란〉

앞에서 인간의 몸을 기계라고 한다면 그 기계를 움직일 에너지가 필요하다고 말했다. 따라서 자동차처럼 에너지를 오래 저장해 두고 쓸 연료탱크를 필요로 하는데, 그 연료탱크가 바로 지방조직이다. 지방조직은 지방세포로 구성된다.

비만은 지방세포가 지나치게 지방을 많이 축적하거나, 지방세포가 너무 많아서 생긴 과체중 병이다. 지방세포 수는 보통 성인에게 약 250억개 정도이다. 하지만 어릴 때 지나친 영양섭취는 지방세포의 수를 급격하게 늘려서 약 500억개에 이르게 한다.

비만이 무서운 것은 여러 가지 질병을 가져오기 때문이다. 비만은 우선 당장 불필요한 조직을 달고 사는 것으로 그만큼 불필요한 에너지 소비가 많아지고 다른 조직들이 과로하게 된다. 예를 들어 비만으로 체중이 많이 나가면 무릎 관절에 큰 부담을 주게 된다. 그래서 관절염을 유발할 수 있다. 그뿐 아니라 심장이나 췌장 등에도 무리를 주게 되어 심장병, 고혈압, 당뇨병을 부르는 것이다. 더구나 비만은 체형에도 좋지 않아 심리적인 스트레스까지 준다. 지방이 너무 적어도 문제가 된다. 여성의 경우는 생리불순이 생기고 몸에 이상이 생기기 쉽다. 따라서 항상 적당량의 체지방을 유지하도록 몸관리를 해야 한다.

그런데 최근 비만을 일으키는 유전자가 속속 밝혀지고 있다. 원래 지방세포는 몸에 지방이 적당히 축적되면 뇌에 신호를 보내 음식을 그만 먹도록 한다. 그런데 이 지방세포의 비만 유전자에 이상이 생기면 지방이 축적되었는 데도 뇌에 신호를 보내지 않아 계속 허기를 느끼고, 음식을 많이 먹게 하여 비만에 걸리게 한다는 것이다.

〈지방조직〉

인간의 연료탱크라고 할 수 있는 지방조직은 지방세포와 지방세포 사이를 채우는 각종 섬유와 혈관으로 이루어진 매우 부드러운 결합조직이다. 지방세포는 지름이 약 1

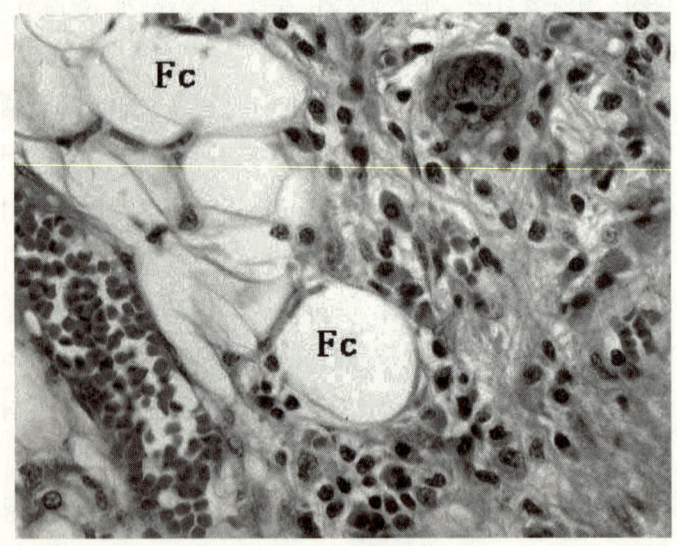

간질 사이의 지방세포(Fc)

만분의 1mm로 대형이며, 보통 구형이다. 그 세포질 안에는 지방이 한 덩어리로 되어 있으며 세포질과 핵은 한쪽으로 치우쳐 있다.

이처럼 지방세포가 다른 세포와 다른 점은 세포질의 대부분이 기름주머니인 유적으로 가득 차 있다는 점이다. 소화관으로 들어온 음식물은 분해되어 흡수된다. 그리고 이들은 곧 간장으로 옮겨진다. 간장에서는 생명 활동에 필요한 만큼 영양분들을 사용하도록 하고 나머지 글리세린과 지방산을 결합해 중성지방을 만들고 이들을 지방세포에 보내어 지방세포 내의 유적에 저장한다.

그리고 지방세포의 소포체에는 리파제(lipase)라는 지방분해효소가 들어 있다. 리파제는 중성지방을 유리지방산과 글리세롤로 가수분해한다. 리파제가 지방을 분해하기 위해서는 유적 내로 들어가야 한다. 하지만 유적은 리파제가 들어갈 수 없도록 자물쇠로 단단히 닫혀 있다. 이 자물쇠를 여는 것이 노르아드레날린, 아드레날린, 부신피질 자극호르몬 등이다. 이들 호르몬이 방출되도록 하기 위해서는 약간 힘든 전신운동을 30분 이상 해야 한다.

지방세포의 수는 어릴 때 한번 형성되면 성인이 되어도 변하지 않고 다만 세포가 커지거나 작아질 뿐이다. 즉, 하루에 소비하는 칼로리 이상으로 양분을 흡수하면 남은 칼로리는 지방으로 바꾸어 저장한다. 그럼 지방세포는 커진다. 반대로 양분 흡수량은 적고 에너지 소비량이 많으면 그 차이만큼 지방세포의 지방을 분해해서 에너지를 충당하기 때문에 지방세포의 크기는 작아진다.

〈지방의 이용〉

포유동물의 몸에는 형태도 기능도 다른 2종류의 지방조직이 존재한다. 하나는 백색지방조직(WAT ; White Adipose Tissue), 다른 하나는 갈색지방조직(BAT ; Brown Adipose Tissue)이라고 부른다. 일반적으로 지방조직이라면 피하나 내장 주위에 분포한 백색지방조직을 가리킨다. 비만한 사람은 몸에 이 백색지방조직이 대량의 중성지방을 축적하고 있는 것이다. 이들 백색지방세포는 매우 커다란 기름주머니인 유적을 가지고 있기 때문에 대사적으로 활발하지 않은 세포라고 생각했다. 하지만 최근 이들 세포가 적극적으로 식욕조절인자로서 렙틴(leptin) 등을 분비하고 있다는 것이 밝혀졌다. 이 렙틴은 뇌의 시상하부라는 부위에 작용, 체지방을 줄이고 생식능력을 보강해 주는 것으로 알려져 있다.

갈색지방세포는 미토콘드리아가 많고, 작은 기름방울이 산재해 있다는 점이 특색이다. 즉, 저장할 수 있는 지방은 백색지방세포보다 적다. 이 지방세포는 유아기에 많고 성인이 되면 격감한다. 갈색지방세포에 저장된 지방은 체온유지 등의 열원으로서 이용된다. 즉, 지방을 태워서 나온 에너지로 다른 화학적 에너지로 사용할 수 있는 ATP를 만들지 않고 바로 열에너지로 바꾸어 체온을 올리는 특수한 기능을 갖고 있다.

갈색지방조직은 포유류의 목, 견갑부에 있는 특수한

지방조직으로 교감신경이 많이 분포하며 이 신경에서 나온 노르아드레날린(noradrenalin) β 의 작용으로 대량의 열을 내어 체온의 조절에 관여한다. 성인이 되면서 근육의 발달 등으로 체온조절 기능이 옮겨가면서 갈색지방세포는 줄어드는 것이다.

백색지방세포에 축적된 지방은 운동에너지로 이용된다. 리파제의 작용에 의해 생성된 지방산은 혈액을 통해서 근육으로 운반된다. 근육에는 적색근육과 백색근육이라는 2종류의 근육이 있지만, 지방산은 주로 적색근육이 이용한다.

산소를 저장하는 빨간 미오글로빈을 다량 함유해서 붉게 보이는 적색근육에 들어간 지방산은 미토콘드리아에서 산소를 이용해 이산화탄소와 물로 분해되며 에너지를 내놓는다. 미오글로빈이 적은 백색근육은 미토콘드리아도 적고 대신에 탄수화물인 글리코겐이 많이 있다. 적색근육은 홍분성이나 수축 속도가 낮아 한번에 큰 힘을 낼 수는 없지만 장시간에 걸쳐 계속 힘을 낼 수 있다. 지구력은 이 근육이 발달해야 한다. 백색근육은 극히 짧은 시간에 큰 힘을 낼 수 있다. 순발력은 이 근육이 발달해야 한다. 지구력과 순발력이 모두 필요한 팔다리의 골격근은 적색근육과 백색근육이 혼합되어 이루어진다.

이상에서 알아본 것처럼 비만을 없애기 위해서는 지방의 사용을 높여야 하고 그러기 위해서는 적색근육을 많이 사용하는 운동 즉, 지구력을 필요로 하는 운동을 많이 하면 좋을 것이다.

〈비만 유전자〉

지방세포에 충분히 지방이 저장되면 분비되는 렙틴은 체지방량을 안정적으로 유지하는 역할을 담당하는 호르몬이다. 즉 체지방의 증감과 혈액 속의 렙틴의 농도는 긴밀한 관계가 있는 것이다. 이 렙틴 농도의 차이를 감지하는 것이 렙틴 수용체(Ob-R)로 세포막을 한번 관통한 막단백질이다.

이 렙틴 수용체의 유전자가 1번 염색체(1p31)에 있으며 이 유전자의 이상으로 병적인 비만에 걸리는 예가 보고되었다.

β 3-아드레날린 수용체(β 3-ADR ; β 3-ADrenalin receptor) 유전자는 지방세포에서 지질분해를 촉진한다. 이 유전자의 작용은 각 개인에 따라 다소의 차이가 있다. 정상적으로 기능하여 지방분해를 하는 사람과 유전자에 변이가 생겨 지방분해가 약해진 사람이 있다.

오해하지 말 것은 이들 유전자가 절대적으로 비만을 결정하지는 않는다는 것이다. 비만은 운동량 등의 생활습관과 식습관 등에 의해 많은 영향을 받기 때문이다. 다만 이 유전자검진으로 비만의 가능성을 판단하고 보다 효율적으로 체중관리를 도모할 수 있다는 것이다.

이외에도 비만 유전자로 NPy, 비콘 등이 있다. 비콘은 식욕을 자극하는 단백질을 만들어내며 NPy도 마찬가지지만 렙틴만은 식욕을 억제하는 역할을 한다. 이외에도 비만과 관련된 유전자가 상당수 있으며 이들만 전문적으로 연구하는 학자들도 있을 정도다. 이들 유전자들의 정체가 모두 밝혀지면 인류는 더 이상 비만으로 고통받지 않게 될 것이다.

암 유전자

암이란 현대의 난치병은 갑자기 현대사회에 등장한 질병은 아니다. 암은 고대에도 이미 있었다. 우리 인간의 몸은 250 종류의 다양한 성질을 가진 세포가 60조개나 모여서 만들어진 매우 정교한 조직체이다. 정교한 조직체라는 것은 각각의 조직에 들어 있는 세포들이 그 조직의 기능에 맞게 정해진 기능만을 담당하도록 역할 분담이 분명하고

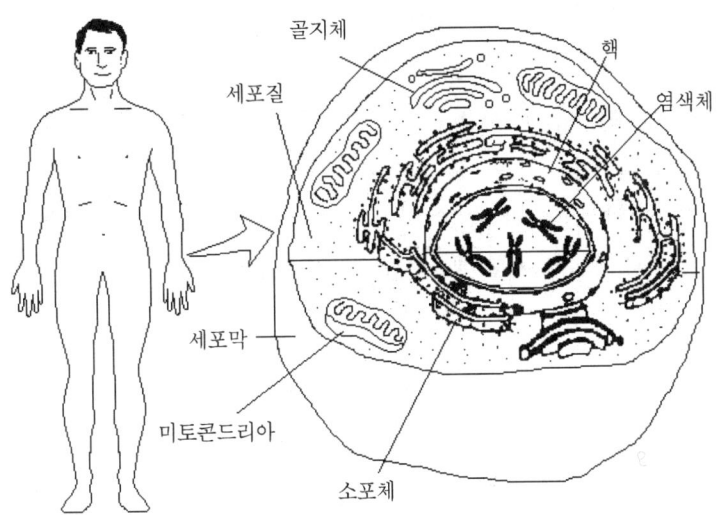

인간의 몸을 구성하는 세포의 모형

그 세포의 수도 주위 조건에 맞추어 철저하게 통제받고 있다. 이렇게 여러 가지 기능을 갖는 세포들의 협력으로 한 개체의 생명이 유지되는 것이다. 그런데 이러한 세포들의 협력이 깨지는 것이 바로 암이다.

조직 속의 정상적인 한 세포가 담배연기 같은 발암물질에 자주 노출되거나, 자외선, 방사선 같은 유해광선에 자주 노출되면 세포내의 유전자에 돌연변이가 생긴다. 이 돌연변이는 곧 세포내의 수복장치에 의해 교정되기도 하지만 수복장치 자체가 돌연변이를 일으켜서 제대로 작동이 안되면 돌연변이는 교정이 되지 못하고 악성 유전자가 되어 그 세포는 암세포로 변화한다.

암세포로 변한다는 뜻은 주위 조직 세포로부터 분열증식 신호를 받지 않았는 데도 불구하고 자기 마음대로 분열증식을 시작한다는 것이다. 왕성한 분열증식을 위해서 주위 세포들이 섭취해야 할 영양분을 빼앗아 먹어 주위 세포들을 굶어 죽게 해버린다. 더군다나 조직에 맞는 세포의 모양이나 기능도 하지 않으며 기괴한 모양으로 변하며 조직을 와해시켜 간다. 이런 식으로 단 하나의 암세포는 얼마 되지 않는 시간에 수많은 암세포로 불어나는 것이다. 즉 암의 특징은 다음과 같다.

  ○ 세포들이 무질서하게 이상 증식을 한다.
  ○ 세포분화의 이상으로 본래의 기능을 하지 않는다.
  ○ 세포자살 명령도 받지 않는다.
  ○ 세포 상호간의 작용이 없고 정해진 장소를 벗어난다.

정상 세포에는 접촉 저지기구가 있다. 이것은 샬레(schale)에 배양하는 세포가 샬레 가득 차도록 분열증식하면 더 이상 증식하지 않도록 한다. 하지만 암세포는 이 접촉 저지기구가 작동하지 않기 때문에 마구 증식하여 혹처럼 덩어리를 만든다.

이렇게 암이 유전자의 변이에 의해 일어나는 질병이라는 암의 정체가 밝혀진 것은 매우 최근의 일이며, 그 치료를 위해 수술, 항암제, 방사선요법 등이 개발된 것도 최근의 일이다. 하

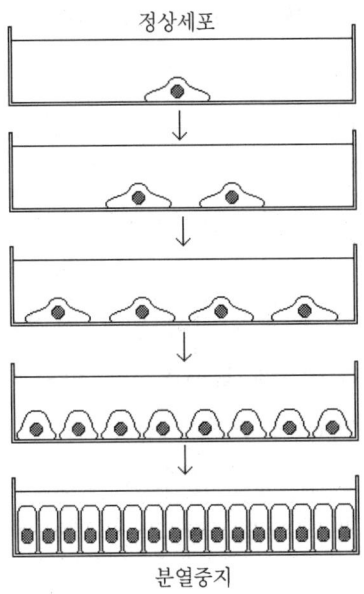

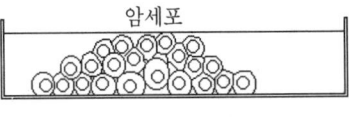

정상세포와 암세포의 분열증식의 양상

지만 이런 요법은 그다지 완치율이 높지 않고 더구나 환자를 매우 고통스럽게 만들어 치료를 힘들게 한다. 하지만 앞으로 암유전자나 암억제유전자들의 조작으로 훨씬 치료율이 높고 환자에게도 그다지 고통스럽지 않은 유전자 치료방법이 고안될 것으로 생각된다. 즉 암의 정복이 이루어질 것으로 생각된다.

〈암은 일종의 유전병이다〉

암에는 우선 유전성이 강한 암이 있으며, 유전되지는 않는다 해도 암은 유전자의 이상으로 생기는 유전자 질환인 것이다. 때문에 암을 예방하고 암을 정복하기 위해 우리는 유전자에 관심을 기울여야 한다.

이전에는 암이란 발암물질이라든가 유해광선, 스트레스 등의 수없이 많은 환경요인이 세포에 부단히 작용해서 유전자에 돌연변이를 일으켜 생기는 질병이라고 막연히 생각했다. 때문에 암의 예방이라든가 암의 치료가 매우 어려웠다. 그저 암세포는 되도록 빨리 발견하여 제거해야 하고, 말기 암환자는 그저 암이 급속하게 퍼지지 못하도록 항암요법을 사용하며 환자가 죽어 가는 것을 지켜볼 뿐이었다. 암에 대해 근본적인 대책이 없었던 것이다.

하지만 암유전자의 발견으로 암에 대해 새로운 시각을 갖게 되었다. 즉 암이라는 질병의 본질을 파악한 셈이다. 암유전자의 발견이 암을 연구하고 치료하는 데 얼마나 커다란 변화를 일으켰는지 충분히 이해할 수 있을 것이다.

즉, 암이 생길려면 먼저 이 발암유전자에 돌연변이가 생겨야 한다는 사실이 확인됨으로써, 암 정복을 위한 목표와 방향이 뚜렷이 제시되었다.

인간 게놈계획으로 인간에게는 약 5만여 개의 유전자가 있다는 것을 알게 되었다. 이 5만여 개의 유전자 중에는 암을 만들 수 있는 암원유전자가 있으며, 또 암을 억제하거나 없애는 암억제유전자도 있다. 인간의 건강한 생명

활동은 이들 유전자의 힘 겨루기가 균형을 이루면서 유지
된다고 할 수 있다. 발암물질이라든가 스트레스 등에 의해
이 균형이 무너질 때 암이 생길 수 있다. 즉 암의 원인은
바로 유전자에 있었던 것이다. 따라서 우리가 암을 정복하
기 위해서는 유전자를 바로 이해하고 있어야 하는 것이다.

이제는 암을 예방하기 위해 유전자에 대한 상식을 배
워야 한다. 혹여 암에 걸렸다면 암을 치료하고 이기기 위해
유전자에 대해 공부해야 한다. 유전자 치료만이 근본적으로
암을 치료하는 길이다. 과거에 방사능요법, 항암제요법, 수
술 등을 통해 암을 치료했지만 암은 다시 재발한다. 암의
뿌리는 유전자에 있는데 그 뿌리를 뽑지 않은 탓이다.

〈암은 전염병〉

미국의   병리학자   라우스(Francis   Peyton   Rous,
1879~1970)는 일본이 조선을 합병하
려고 국권탈취 공작을 한창 추진하던
1909년에 미국 뉴욕에 있는 록펠러
의학연구소에서 닭의 육종(肉腫)을 으
깨어서 세포를 통과시키지 않는 미세
여과기로 걸러낸 여과액을 건강한 다
른 닭에게 주사해 보는 실험을 하고
있었다.

라우스

이때는 독일, 영국 등의 제국들간
의 알력이 심해지면서 제1차 세계대전이 발발하려고 유럽

에 전운이 감돌던 암울한 시대이기도 하다. 하지만 대서양 건너의 미국은 비교적 평온한 곳으로 라우스가 차분히 이 런저런 실험을 해 볼 수 있었다. 당시에는 암은 전염병이 아니라고 생각하고 있었다. 그런데 라우스는 주사를 맞은 닭에서도 새롭게 육종이 생기는 것을 발견하였다. 이것은 암이 전염되었다는 것을 의미하는 것이다.

라우스는 이 놀라운 결과를 1911년 1월 21일호 미국 의학회 잡지에 '무세포 여과액에 의한 악성 신생물의 전달에 관하여'라는 제목으로 발표하였다. 하지만 이제 겨우 32세의 젊은 연구원이 발표한 논문에 대해 아무도 관심을 보이지 않았다. 더구나 암은 감염성 질환이라고 아무도 생각하지 않았던 시대였다. 대신 매독균인 스피로헤타의 배양의 성공에 대해서는 많은 관심을 보였다. 당시에는 암보다는 매독 등의 전염병으로 사람들이 죽어갔기 때문이었을 것이다.

하지만 1960년대가 되자 전염병은 강력한 항생제의 개발로 통제가 가능한 질병이 되고 대신에 암으로 죽어 가는 사람들이 늘어나기 시작했다. 노벨상 위원회도 암에 대한 연구에 관심을 보이기 시작했다.

라우스가 만든 여과액에는 무엇이 들어 있어서 암을 전염시킨 것일까? 그 여과액에서 바이러스라는 아주 미세한 병원체가 발견되었다. 라우스가 발견한 이 바이러스는 암 바이러스로 규명되고 암연구의 역사에 있어 혁명을 일으켰다. 이 업적으로 라우스는 허긴스(Charles Brenton Huggins, 190

1~)와 함께 1966년 노벨 생리 · 의학
상을 받았다.

허긴스

1911년 발표한 논문은 처음에는
인정받지 못했다가 55년이 지나서야
노벨상을 받은 것이다. 그것도 라우스
가 87세까지 살아 있었기 때문에 받은
행운인 것이다. 라우스는 고령에도 불
구하고 계속 정력적으로 연구 생활을
계속하였다. 허긴스는 전립선암에 대한 호르몬 요법을 발견
한 업적이 인정되었다.

〈암유전자〉

라우스는 단지 암이 바이러스에 의해 전염될 수 있다
는 것만을 알아냈지만 암유전자를 발견한 것은 아니다. 라
우스의 암바이러스는 RNA를 유전자로 하는 바이러스인데
보통은 이 RNA에 개그(gag), 폴(pol), 엔브(env)라는 3개의
유전자가 있다. 개그는 RNA를 보관하는 20면체 단백질을
만드는 유전자이고, 폴은 RNA에서 DNA를 만드는 역전사
효소의 유전자이고, 엔브는 바이러스의 외피를 만드는 유
전자이다.

그런데 1969년 휴브너(Robert J. Huebner)와 토다로
(George J. Todaro)는 암유전자 가설을 발표한다. 그리고 1970
년에는 암을 일으키는 바이러스는 또 하나의 미지의 유전자
가 있다는 것을 알아냈다. 즉, 이 4번째의 유전자가 암을 일

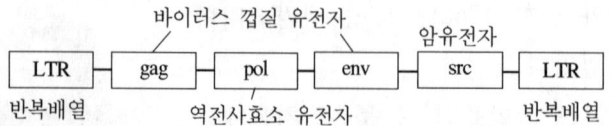

으키는 암유전자였던 것이다. 이 암유전자는 육종(sarcoma)을 일으키는 암유전자라는 의미로 서크(src)라고 이름지어졌다. 암유전자의 이름은 알파벳 소문자 3개로 짓는다.

1975년에는 바이러스를 연구하던 미국의 미생물학자 비숍(John Michael Bishop, 1936~)과 바머스(Harold Elliot Varmus, 1939~), 그리고 프랑스에서 건너온 스테란(Dominique Stehelin)은 역전사효소를 사용하여 src 유전자를 분리해냈다. 그리고 src 발암유전자가 정상적인 세포에도 존재하는 유전자라는 것을 밝혀냈다. 이로써 발암유전자의 근원이 정상세포에 있음이 증명됐고 비숍과 바머스 두 사람은 이 공로로 1989년 노벨 의학, 생리학상을 수상했다. 가장 업적이 많은 스테란은 박사 학위가 없었기 때

비숍

바머스

문에 노벨상의 관행상 받지 못했다.

　그후 발암유전자에 대한 집중적인 연구의 대가로 70여 가지에 이르는 많은 발암유전자가 밝혀졌다. 서크(src) 유전자는 인간 염색체 20번에 있다. 서크 유전자는 세포질 내에서 세포증식 신호를 전달하는 단백질을 만든다.

〈암유전자 사냥〉

　암유전자가 암연구의 핵심이 되자 연구원들은 몇 개의 암유전자가 있는지 알기 위해 암유전자 사냥에 나섰다. 그리하여 찾아낸 암유전자는 다음 그림과 같다.

　그런데 이 그림을 보고 있으면 의아한 생각이 든다. 왜 우리 몸에는 이렇게 해로운 암유전자를 많이 가지고 있는 것일까? 생존에 해로운 유전자는 자연도태로 곧 사멸되

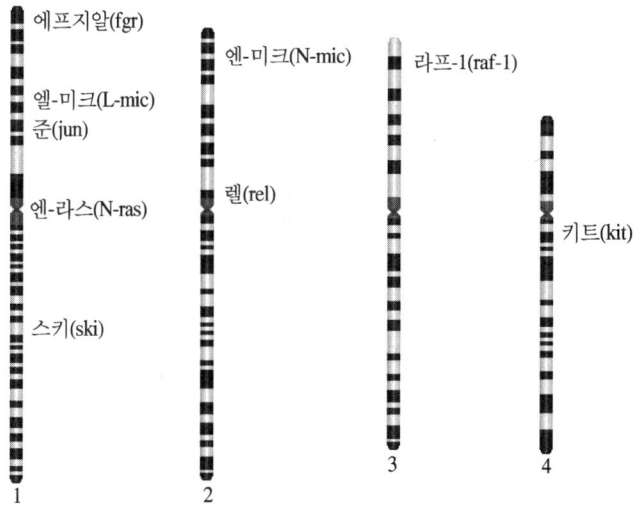

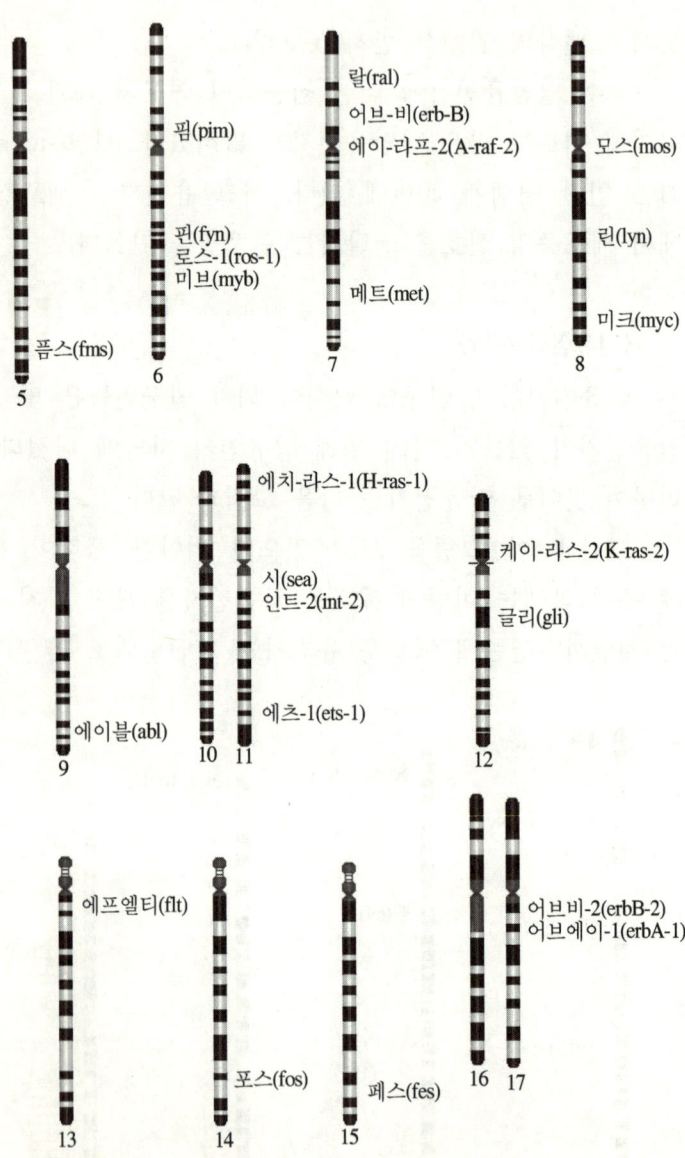

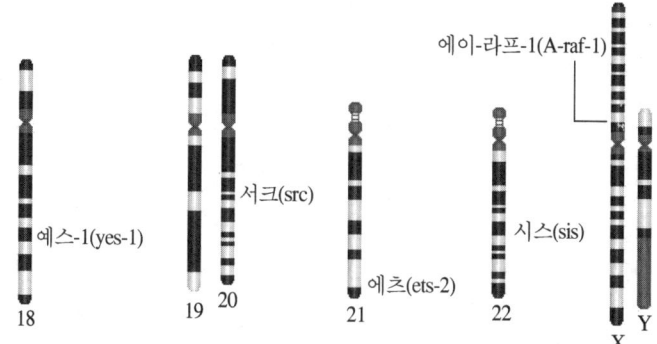

에이-라프-1(A-raf-1)

서크(src)

예스-1(yes-1)

시스(sis)

에츠(ets-2)

18   19   20   21   22   X   Y

어버릴 텐데 말이다. 이 의문은 얼마 가지 않아 풀렸다.

　이탈리아 출신의 여성 과학자 레비몬타르치니(Rita Levi-Montalcini, 1909~)는 2차 세계대전 중에 피렌체의 난민촌에서 미군과 함께 의료활동을 한 것이 인연이 되어 미국으로 이주하여 1953년 미국의 생화학자 코언(Stanley Cohen, 1922~)과 함께 세포와 조직의 성장과 재생에 관한 연구를 하였다.

　쥐의 종양세포를 닭의 배(胚)에 이식하는 실험을 통하

레비몬타르치니

코언

여 신경성장인자(NGF : Nerve Growth Factor)와 상피세포증
식인자(EGF : Epidermal Growth Factor)를 처음으로 발견하
였다. 이 두 물질의 발견은 암을 비롯한 각종 종양성 질병,
발육장애, 노인성 치매의 퇴행성 변화 및 상처의 치료 지
연 원인 등을 이해하는 데 크게 기여하였다.

　　이 업적으로 두 사람은 1986년에 노벨 의학상을 받았
다. 그런데 놀라운 것은 이 성장인자는 암유전자의 산물과
매우 유사하다는 것이다.

　　그리고 1974년에 고스포다로비치(D. Gospodarowicz)에
의해 소의 뇌하수체에서 섬유아세포증식인자(FGF)가 발견
되었다. 1983년 영국 런던의 왕립암연구소의 워터필드
(Michael D. Waterfield)도 혈소판유래증식인자(PDGF; Platelet
-Derived Growth Factor)의 단백질을 분석하면서 PDGF 유전
자와 시스(sis) 암유전자가 일치한다는 것을 발견했다. 1984
년에는 닭의 적아구증 바이러스 암유전자 erbB가 만드는 단
백질이 상피세포증식인자(EGF)의 수용체와 같다는 것이 밝
혀졌다. 그리고 계속해서 고양이 육종 바이러스에서 발견된
fms의 산물이 마크로파지콜로니 자극인자(MCSF) 수용체라
는 것이 판명되었다.

　　우리 몸의 세포는 마음대로 증식하고 싶으면 하는 것
이 아니고 생체 전체의 명령에 의해 세포 증식이 이루어진
다. 세포는 주위 세포로부터 증식인자를 받아야 증식을 시
작한다. 세포 증식인자는 말 그대로 세포를 증식, 성장시키
는 물질로 비타민이나 영양물질이 아닌 물질을 말한다. 세

포 증식인자는 그 수가 매우 많다. 세포의 종류에 따라 증식인자가 달라야 하기 때문일 것이다. 즉 암유전자가 이렇게 많았던 이유는 그것이 바로 세포 증식에 관여하는 유전자들이였기 때문인 것이다.

암유전자는 원래 암세포에서 발견된 돌연변이 유전자이고, 정상 유전자는 세포증식에 관여하는 유전자로서 암원유전자(proto-oncogene)라고 통칭해서 부르기도 한다. 특별히 정상 유전자와 변이 유전자를 구별하지 않고 그냥 암유전자라고 부르는 경우가 많다.

〈세포분열의 조절〉

인간 조직 사회에서 조직을 유지하기 위해서는 구성원 간에 끊임없는 대화가 필요하듯이 다세포생물의 세포들도 서로 대화를 한다. 세포들의 대화에는 단백질이라는 화학물질을 통해 이루어진다고 했다.

세포의 분열증식은 여러 가지 요소에 의해 조절된다. 그림에서 보는 것처럼 먼저 이웃이나 원격지의 세포, 또는 자기 자신이 세포 증식신호인 세포 증식인자 단백질을 방출한다. 증식인자는 표적세포의 세포막에 있는 증식인자 수용체에 결합된다. 증식인자가 결합한 수용체는 세포질 안으로 증식신호 전달 단백질을 방출한다.

이 단백질은 핵으로 들어가 세포가 분열에 들어가도록 핵 내의 유전자들을 활성화한다. 이렇게 해서 세포는 세포분열주기의 시작인 G1기에 들어간다.

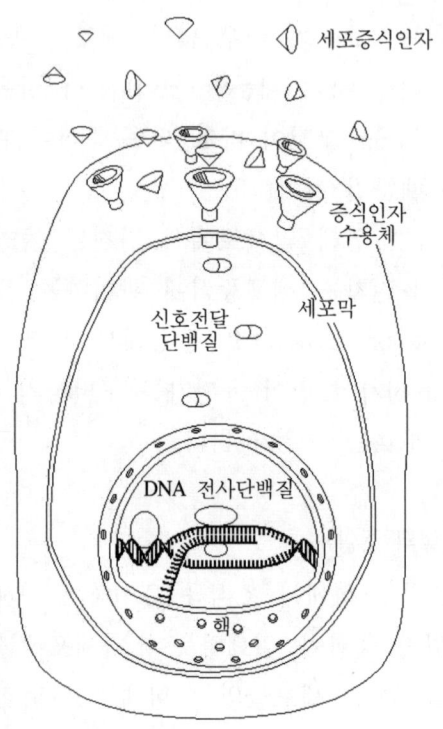

이러한 세포의 증식은 모든 생물의 기본적인 생명 활동의 하나이다. 세포증식이 없다면 어떤 생명체도 살아남을 수 없다. 단세포생물은 환경의 변화에 따라 증식이 결정된다. 즉 영양분이 충분하면 증식이 왕성하게 이루어지고 영양분이 부족하면 증식을 멈출 수밖에 없다. 하지만 다세포생물이 되면 영양분이 있고 없는 것에 무관하게 세포의 증식이 조절되지 않으면 안된다. 그래서 세포들간에 그 증식을 조절하는 기구가 생겨난다. 이처럼 암이란 질병은 생명의 시작부터 이미 내재된 것인 셈이다. 한마디로 인류는 암이라는 질병을 천연두같이 박멸할 수 없는 것이다. 암의 박멸은 인류의 멸망과 같은 의미가 된 것이다. 다음은 암 유전자와 그 생산물과 기능, 그리고 발병 암을 정리한 것이다.

암유전자	유전자산물	암
sis	PDGFβ 사슬 세포 증식인자	유방암
kit	마스트 세포 증식인자 수용체	육종
erbB	EGF 수용체	뇌종양
met	NGF 수용체	위암
fms	CSF-1 수용체	
myc	DNA 전사조절단백질	자궁경부암
yes	세포막내측 티로신키나제	육종
mos	난성숙촉진인자를 활성화하는 세포증식 억제인자	백혈병
raf	세포질 세린/스레오닌키나제	육종
H-ras	GTP 결합단백	갑상선암
fos	DNA 전산조절	골육종
jun	DNA 전사조절	육종
abl	티로신키나제	백혈병
ski	전사조절	편평상피암

〈암억제유전자〉

암유전자가 원래는 세포를 증식시키는 역할을 하는 유전자라면 세포수가 적정수에 이르면 이제 그만 세포증식을 억제하는 유전자도 있어야 할 것이다. 즉 증식억제 유전자로

크누드슨

우리는 이것을 암억제유전자로 부른다.

자동차에는 속도를 가속시키는 엑셀레이터 페달이 있는가 하면, 반대로 속도를 멈추게 하는 브레이크 페달이 있다. 이와같이 우리 몸에도 세포를 증식시키는 유전자와 그것을 필요할 때 억제하는 유전자가 있는 것이다. 생명체는 항상 이렇게 서로 상반되는 두 개의 힘이 조화를 이루어 유지된다고 할 수 있는 것이다.

암억제유전자의 개념은 1971년에 필라델피아 암연구소의 크누드슨(Alfred G. Knudson) 박사에 의해 도입되었다. 박사는 망막아세포종에 걸린 48명의 환자의 역학(疫學)적 고찰로부터 암억제유전자가 있다는 가설을 세웠다.

그런데 이미 1969년 하리(Harry)는 분열수명을 가진 정상세포와 암세포 같이 불사화한 세포를 세포융합하면, 분열수명을 가진 정상세포가 되어 버린다는 것을 발견하였다. 즉 암억제유전자가 존재한다는 최초의 힌트를 얻은 것이다.

1978년에 미네소타대학의 유니스(Jorge J. Yunis)는 망막아세포종의 세포에서 제13번 염색체의 일부가 결손되었다는 것을 발견했다. 한편 드라이야(Thaddeus P. Dryja)는 메사추세츠 종합병원 안과의로 망막아세포종의 수술을 수없이 하고 있었다. 그는 이 무서운 병의 원인 유전자를 반드시 찾고 싶었다. 병원 한쪽 구석에 만들어진 좁은 실험실에서 13번 염색체의 단편을 모아두고 원인 유전자를 찾

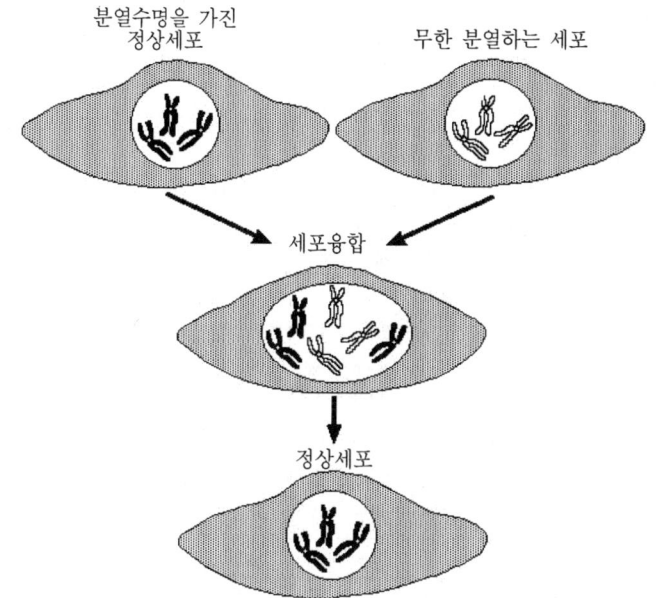

분열수명을 가진
정상세포

무한 분열하는 세포

세포융합

정상세포

고 있었다. 드라이야는 3년간이나 끈질기게 이 지루한 작업을 반복하고 있었다.

드디어 그 유전자가 들어 있는 DAN 단편을 찾았다. 하지만 허름한 실험실에서는 그 유전자를 분리할 수 없었다. 드라이야는 친구인 프렌드(Stephen H. Friend)에게 도움을 구했다. 프렌드는 와인버그(R. A. Weinberg) 연구실에서 박사 학위를 얻기 위해 연구하고 있었다. 드디어 1986년 초여름 경에 프렌드는 Rb유전자를 분리해냈다. 크누드슨이 생각한 암억제유전자가 실제로 존재한다는 것이 증명된 순간이었다. 와인버그의 주선으로 1986년 10월호에 Rb유전자 발견에 대한 논문이 실렸다.

암억제유전자	염색체위치	유전자산물의 기능	주요 암
APC	5q21	β-카테닌과 결합	폐소세포암, 식도암, 대장암
BAX	19q13.3	세포자살 촉진	대장암
CDH1	16q22.1	E-카드헤린	유방암
CDKN2/ MTS1/p16	9p21	세포주기 제어, 사이크린D/CDK4,6에 결합해 저해	췌장암, 뇌종양, 악성흑색종, 내피종, 담낭암, 폐비소세포암, 두경부암, 방광암
CTNNB1	3p22	β-카테닌	악성흑색종
DPC4	18q21.1	TGF-β의 신호전달	췌장암, 대장암
FHIT	3p14.2	AP4A히드라제 유사	폐소세포암, 폐비소세포암, 유방암
KAl1	11p11.2	세포표면당단백질	전립선암
MADR2	18q21	TGF-β의 신호전달	대장암
MXl1	10q24-q25	MYC를 억제	전립선암
NF1	17q11.2	신호전달제어	신경아종, 흑색종
NF2	22q12	세포막, 세포골격 결합단백질 멜린	수막종
PTCH	9q22.3	증식인자 Smo수용체	기저세포암, 수막종
PTEN/ MMAC1	10q23	티로신포스파타제	교아종, 전립선암, 유방암
RB1	13q14	세포주기제어, 전사인자E2F와 결합저해	망막아세포종, 골육종, 폐소세포암, 식도암, 폐비소세포암, 하수체종양, 간세포암
Rll	3p21.3-p22	TGF-β 수용체 II형	대장암, 위암
p53	17p13.1	세포주기제어, p21유전자전사제어	폐소세포암, 폐비소세포암, 대장암, 식도암, 뇌종양, 두경부암, 담낭암, 유방암, 신장암, 간세포암, 골육종, 위암, 췌장암
TSG101	11p15.1-15.2	·	
VHL	3p25-p26	전사인자에론긴에 결합 저해	신세포암, 갈색세포종, 혈관아종

그리고 로스엔젤레스 소아병원의 베네딕트(William F. Benedict)와 리(Wen-Hwa Lee)가 Rb 유전자의 모든 염기배열을 결정했다. 다음 암억제유전자로 p53 유전자가 영국 왕립 암연구소의 렌(David P. Lane)에 의해 1989년에 발견되고, 1991년에는 가족성 대장 폴리포시스증을 일으키는 APC 암억제유전자가 발견되었다.

성유전자

성은 생물학에서도 가장 신비스럽고 흥미로운 주제이다. 성에 대한 생물학적인 이해는 아직 완벽하지 않다. 그만큼 성에는 불가사의한 면이 많다는 것이다. 성은 사회학적으로도 매우 흥미로운 주제이다. 인류 사회가 남성과 여성이라는 두 성으로 구성되어 있기 때문이다.

어떤 프랑스인이 이 세계에는 황인종, 흑인종, 백인종이라는 세 개의 인종이 있는 것이 아니라 여성과 남성이라는 두 개의 인종이 있다고 말했다고 한다. 즉 그는 피부색의 차이에서 비롯되는 갈등보다 성적인 차이에서 오는 갈등이 더욱 크다는 것을 느꼈던 모양이다.

남성의 입장에서는 여성들의 행동이나 생각을 이해할 수 없고 역시 여성의 입장에서도 남성의 행동이나 생각은 이해할 수 없다. 이러한 문제는 여성과 남성은 다르니 당연하다고 넘어갈 수도 있지만 때로는 매우 심각한 문제로 발전하고 부부싸움을 부르고 급기야 이혼으로까지 나아가

거나 그 정도는 아니더라도 가정의 불화요소가 된다.

왜 남성과 여성은 그렇게 생각이 다른 것일까? 물론 여성이고 남성이기 때문이지만 여기서는 그런 피상적인 이유보다 보다 근본적인 생리학적인 이유를 알아보고 서로를 보다 잘 이해하고 사랑할 수 있는 근거를 찾아보는 노력이 필요하다고 생각한다. 그래서 가정의 화목을 도모하고 남녀간의 오래된 싸움을 종식시킬 수 있었으면 한다. 나아가 우리가 성의 본질에 대해 그리고 인간의 본질에 대해 더욱 깊은 이해를 갖는 계기 되었으면 하는 마음으로 우선 성의 유전자부터 살펴보기로 하자.

성유전자는 성을 결정하는 유전자이다. 원래 인간은 여자가 기본형이기 때문에 성을 결정하는 유전자는 곧 남성을 만드는 유전자라고 할 수 있다.

〈성의 등장〉

약 20억년 전이라는 까마득한 옛날에 지구상의 바다에서 진핵생물이 탄생했다. 이때의 진핵생물은 핵 속에 단 한 벌의 염색체밖에 없었다. 이것을 단상(單相 ; haploid) 진핵세포라고 한다. 이들 진핵생물들은 무성생식으로 마구 번성하였다. 하지만 아무리 바다가 드넓다해도 무한정한 것은 아니기 때문에 영양분이 고갈되고야 말았다. 이제 엄청난 수로 불어난 진핵생물들은 아사의 위기에 직면했다.

이때 몇몇 진핵생물들이 기묘한 행동을 하는 것이 나타났다. 진핵생물끼리 합체를 하는 것이다. 그렇게 하면 서로 부족한 영양분을 일시적이나마 보충하여 절박한 사태를 극복하여 살아남을 수 있었다. 우리네 농촌에서도 예전에 서로 어려울 때는 자기 집에 남는 것을 서로 교환하는 것을 볼 수 있었다. 이것을 품앗이라고 하기도 한다. 독신으로 사는 남녀가 서로 합치는 것도 함께 사용하는 것을 공유함으로써 경제적인 이득이 생기기 때문이다.

이렇게 해서 생긴 세포내의 핵에는 염색체가 두 벌이 되었다. 이것을 복상(複相 ; diploid) 진핵세포라고 한다. 복상진핵세포는 생명 유지에 필요한 염색체를 2배나 가지고 있는 세포이다. 이렇게 해서 살아남은 것들은 다시 주위에 영양분이 충분해지자 원래의 상태로 분열하였다. 이것이 오늘날 유성생식의 기원이 되었다고 생물학자들은 추측하고 있다. 우리의 몸을 이루는 체세포는 복상 진핵세포로 아사상태를 극복하기 위한 비상체제인 셈이다. 그리고 생식기관에서 만들어진 생식세포들은 단상 진핵세포들로서 수많은 체세포들이 만들어준 영양분으로 단상의 상태를 유지한다고 말할 수 있다. 즉 생식기관은 지금으로부터 20억년 전의 풍요로운 바다의 상태를 기억하는 기관인지도 모를 일이다.

이렇게 해서 성이 등장한 처음에는 암수의 구별이 그다지 뚜렷하지 않았을 것이다. 즉 난자나 정자는 거의 같은 모습을 하고 있었을 것이다. 그리고 이들은 물 속에서 임의로 돌아다닌다. 우연히 만나 수정을 하게 된다. 하지만 이 방법은 그렇게 효율적이지 않다. 예를 들어 많은 사람이 있는 드넓은 광장에서 두 사람이 만나기로 하여, 두 사람이 서로 임의로 움직이면서 우연히 만날 확률보다는 한 사람은 움직이지 않고 다른 한 사람이 열심히 움직이면서, 찾는 것이 더욱 확률이 높다는 것이다. 그래서 어느 한쪽은 영양분만 준비하는 난자가 되고 다른 쪽은 운동성만 갖춘 정자로 성의 분화가 일어났다고 할 수 있다. 이 성의 분화는 육상생물이 되면서 더욱 심화되었다. 우리는 물고기나 개구리의 경우는 암수를 구분하기 어렵다. 이유는 이들이 물 속에서 체외수정을 하기 때문에 외성기가 필요 없어 겉으로 구분할 수 없는 것이다. 하지만 최초의 완벽한 육상동물이 된 파충류는 물이 전혀 없는 곳에서도 번식을 해야 했다. 그래서 체내수정을 고안해 내고 암수의 외성기를 만들어낸다. 이렇게 성이 발달 분화하는데 여러 단계가 있었기 때문에 성에 대한 유전자나 그 발생은 결코 단순하지 않다.

　더구나 성은 처음의 그 기원과는 다른 의도로 사용되기도 한다. 무성생식은 혼자서도 영양분만 충분하면 얼마든지 번식할 수 있다. 하지만 유성생식은 자웅이 만나야 하며 그것은 엄청난 노력과 시간을 필요로 한다. 단순히 증식하는 것이 목적이라면 무성생식이 압도적으로 유리하다. 그런데도 대부분의 생물들은 유성생식을 통해 번성을 꽤했다. 이유는 환경의 변화에 유전적 다양성으로 대항할 수 있었기 때문이다. 무성생식으로는 오랜 시간이 걸리는 돌연변이를 통해 새로운 변이체가 생긴다. 때문에 급변하는 환경에 적응하기에는 곤란하다. 무성생식을 하는 세균류는 그 수가 엄청나게 많기 때문에 비교적 짧은 시간에 돌연변이체가 나타날 확률이 높아진다. 그래서 강한 항생제에 견디는 내성세균이 나타나는 것이다.

아무튼 유성생식을 택한 쪽은 세균들처럼 많은 개체수를 유지하지 않으면서도 환경에 적응할 다양성을 얻을 수 있었기 때문이다. 그리고 이 성은 인류에게서는 단지 생식수단을 넘어서 교제의 수단으로 변질되기도 한다. 성을 생식수단이 아닌 사회조직의 컴뮤니케이션 수단으로 사용하는 무리로 아프리카 자이르의 열대우림에 사는 피그미침팬치이다. 이들은 보노보라고도 불리며 침팬지와 거의 비슷하게 생겼지만 사회조직이나 행동은 전혀 다르다. 침팬지가 우두머리 수컷을 중심으로 구성된 중앙집권형 조직이라면 보노보는 암수를 구분하지 않고 동등한 민주적인 조직이다.

보노보가 먹이감을 발견하면 이들은 흥분하고 먼저 서로가 성행동을 한다. 암컷끼리, 수컷끼리, 암수 또는 어린 새끼까지도 성행동을 흉내낸다. 먹이를 둘러싼 경쟁을 성행동으로 누그러뜨리기 위해서이다. 침팬지에서는 우두머리 수컷이 가장 먼저 먹고 차례로 서열에 따라 식사가 이루어지는 질서를 가지고 있지만 보노보에게는 그런 질서가 없기 때문에 성행동으로 분위기를 부드럽게 만드는 것이다. 이처럼 성은 본래의 기원에서 상당히 다른 역할을 하면서 변화해 왔으며 변해 갈 것이다.

〈성결정〉

성결정(sex determination)이란 생물학적으로 남성 또는 여성이 결정되는 것을 말한다. 보통 세포 내에는 상염색체와는 다소 다른 행동을 보이는 2개의 성염색체 X, Y를 가지고 있다. 여성은 XX 성염색체를 가지며 남성은 XY 염색체를 갖는다. 이것이 세포핵학적인 성결정이다.

성결정이라고 해서 이것으로 완전히 성결정이 끝난다는 의미는 아니다. 어디까지나 유전적인 성이 결정되었을 뿐인 것이다. 완벽하게 성이 결정되려면 이 유전적인 성이 표현형으로서도 완벽하게 분화하지 않으면 안된다. 이 과정을 성분화라고 한다.

〈성분화〉

성분화(sex differentiation)란 유전적으로 결정된 성이 개체에 표현형으로 나타나는 것을 말한다. 유전적으로 결정된 성은 그것만으로 충분한 것이 아니다. 즉 비록 유전적 성이 결정되었다고 해도 안팎의 환경조건에 따라 성의 분화는 영향을 받는다는 것이다.

성의 분화는 마치 도미노가 넘어지는 것처럼 연쇄반응을 거쳐 일어난다. 이러한 연쇄반응의 중간 단계에서 얼마든지 잘못될 여지가 있는 셈이다.

어류를 제외한 척추동물의 어린 생식선도 난소 형성조직인 피층(皮層)과 정소 형성조직인 수층(髓層) 두 가지를 모두 가지고 있으면서 서로 호르몬을 방출하여 길항적으로

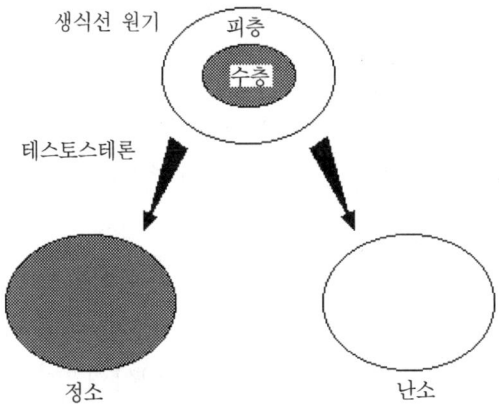

발달을 억제하고 있다.

　유전적 요인은 피층·수층의 발달을 통제함으로써 생식선의 분화 방향을 지배하고 있는데, 실험적으로 간섭을 가하여 한 쪽의 발달을 방해하면 수층·피층의 균형이 깨져 유전적으로 결정된 성과 반대 방향의 성분화가 일어나기도 한다. 양서류에서는 환경의 온도가 이 균형을 깨는 원인이 되고, 또 성호르몬은 많은 척추동물의 피층·수층이 발달하는 우위(優位)의 순서를 역전시키는 작용을 보인다.

　앞에서 인간의 육체는 여성이 기본형이라고 했다. 해부학적으로 살펴보면 바로 이 사실을 이해할 수 있다. 이 기본형을 바탕으로 남성의 몸이 만들어진다. 즉 남성에게 불필요한 부분은 없애고 남성에게 필요한 부분은 크게 확대시킨다. 음핵이 음경으로 커진 것이 그 예이다. 이렇게 남성의 몸을 조각하는 것은 남성호르몬이다.

〈뇌의 성분화〉

남성호르몬의 하나인
테스토스테론

사람의 뇌는 여자나 남자나 같다고 생각되었다. 하지만 뇌에 관한 연구가 진행되면서 태아기부터 뇌는 형태적, 기능적으로 성분화가 시작되어 뇌에 성차가 생긴다는 것이 분명하게 되었다. 태아의 정소에서 분비되는 남성호르몬인 테스토스테론은 8~10주경부터 증가하기 시작해 12주경에 피크에 도달한다. 그리고 17주경에는 줄어든다. 이 테스토스테론에 의해 뇌 안의 여성의 성행동을 담당하는 신경회로가 파괴되어 버린다. 이 시기가 뇌의 성분화 임계기이다.

대신에 남성의 성행동을 지배하는 중추가 활성화된다. 사춘기 이후 뇌는 주기적인 호르몬 분비를 통해서 여성의 생리를 조절하지만 태아기의 테스토스테론은 이 뇌의 주기적 분비기구를 영구히 불활성화시켜 버림으로써 남성의 뇌를 만드는 것이다.

뇌의 성차는 이것만이 아니다. 여러 부위에서 남성과 여성의 신경회로의 차이가 발견되었다. 이것이 남성과 여성의 사고방식의 차이를 가져오는 것인지도 모른다. 남성과 여성은 그 육체적인 차이만이 아니고, 정신적인 차이, 관점의 차이도 있다는 것을 서로 인정하고 배려해 주어야 한다. 이것이 진정한 남녀간의 이해이며 사랑이라고 생각한다.

〈성동일성 장애〉

성동일성(Gender identity)이란 자신의 성별에 대한 자각과 확신이다. 이 확신은 한 사람의 인간이 갖는 성의 통일성, 일관성, 지속성을 말한다. 어느 때는 남성이었다가 어느 때는 여성이 되는 것이 아니다. 그런데 이러한 성동일성의 장애가 있는 사람들이 있다.

보통의 사람들은 자신이 남성이라는 것, 혹은 여성이라는 것에 의문을 갖지 않지만, 성동일성에 장애를 갖는 사람들은 자신의 육체적인 성에 대해 지속적인 불쾌감과 부적절하다는 느낌을 갖는다. 이러한 장애가 일어나는 이유는 앞에서 이야기한 성분화로 생기는 외성기와 뇌의 성분화가 일치하지 않을 수 있기 때문이다. 이와 같은 불일치가 발생하는 비율은 수백만명 중에 한 사람 꼴로 나타나지만 그들에 대한 사회적인 이해는 매우 부족하다. 성동일성 장애를 겪는 이들의 정신적 고통은 상상 이상의 것으로 주변 사람들의 세심한 이해가 필요하다.

이러한 성동일성 장애를 겪는 사람들은 그 정체성의 혼돈에서 빠져 나오기 위해 성전환수술을 감행하기도 한다. 성전환자들은 정신적인 성을 더 우선시 한다. 그 만큼 인간이라는 존재는 정신적인 존재라는 의미이다. 외모 특히 얼굴은 성적 정체감을 확인하는 가장 일상적인 부위로 안면 여성화 수술을 받기도 한다.

　남성과 여성은 얼굴뼈에서부터 크게 차이가 있다. 이런 차이는 인류학자나 의사, 예술가들에 의해서 많은 연구가 이루어졌다. 여성의 얼굴은 좀 더 뾰족한 턱을 갖고 코는 작고 낮다. 이마도 여성이 훨씬 둥글고 특히 눈썹 부위와 그 바로 위 부분은 부드러운 곡면을 그린다. 이러한 수술을 통해 그들은 정신적인 안정을 찾을 수 있다.

〈성을 이해하자〉

　동양사회의 내외법의 하나인 남녀칠세부동석이는 것이 있다. 이 말은 충분히 그 과학적인 근거가 있다. 아주 어린 아이 때는 남자 아이나 여자 아이가 서로를 구별하지 않고 어울려 논다. 하지만 7세가 넘어서기 시작하면 남자 아이와 여자 아이는 서서히 달라지기 시작한다. 즉 그전에는 남자 아이와 여자 아이를 구별할 수 있는 것은 단지 제1차 성징인 외부성기의 차이뿐이다. 나머지는 남자 아이나 여자 아이나 똑같은 것이다. 그래서 둘은 잘 어울려 놀 수 있다. 하지만 7살이 넘어서면 남자 아이와 여자 아이는 신체적으로나 심리적으로 조금씩 달라지는 것이다.

　그것은 이제까지 거의 같은 양으로 분비되던 남성호르몬과 여성호르몬에 차이가 나기 시작하기 때문이다. 즉 남자 아이에게는 압도적으로 남성호르몬이 많아지고 여자 아이에게는 여성호르몬이 많아진다. 남성호르몬은 안드로겐(androgen)이라 한다. 남성호르몬은 주로 정소에서 만들어져 분비되지만 일부는 부신피질에서도 만들어지고 여성의 난소에서도 만들어진다. 여성의 부신에서는 0.5mg 정도 만들어진다.

　가슴 한가운데의 흉골 뒷쪽에 있는 흉선은 어린 아이의 난소나 정소의 활동을 억제하여 성적인 성장을 못하도록 한다. 하지만 어느 정도 체격이 자라면 흉선의 억제 활동이 떨어지고 난소나 정소의 활동이 활발하게 시작되는 것이다. 이것이 사춘기이다. 이 사춘기 때에 다음 그림처럼 호르몬의 분비가 달라지는 것이다.

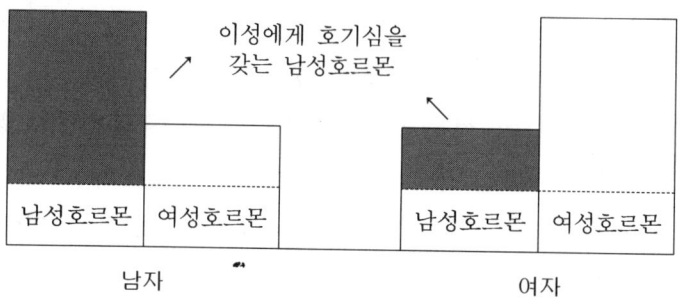

　이러한 호르몬 분비의 차이로 남자 아이는 더욱 남자다워지고 여자 아이는 더욱 여성스러워지는 것이다. MBC에서 아우성이라는 프로그램으로 유명해진 구성애씨는 사춘기의 남자 아이들을 걸어다니는 시한폭탄이라고 표현했는데 남자 아이들을 시한폭탄으로 만드는 것은 바로 이 과잉으로 분비되는 남성호르몬 때문이다. 이 호르몬은 남자 아이의 뇌에서 온갖 여자 아이에 대한 상상을 만들고 호기심을 발동시킨다.

이것은 건강한 아이라면 당연하고 자연스러운 것이기 때문에 부모님들은 결코 당황하거나 이상한 눈빛을 하면 안된다. 우리가 성을 올바로 이해할 때, 비로서 성에 대해 올바로 대처할 수 있다. 우리 사회는 그 어느 사회보다 성범죄가 많고 성적 문제를 많이 안고 있다. 이것은 이제까지 우리가 성을 단지 부끄러운 것으로 덮어두려고만 했으며 크면 자연스럽게 안다고 생각해왔다. 하지만 세상은 변해서 인터넷으로 초등학생들도 포로노그라피를 마음대로 보는 세상이 되었다.

이제 단순히 통제하고 덮어둘 수 없게 되었다. 우리는 이제 성을 좀더 과학적으로 이해하고 교육할 필요가 있는 것이다. 아이들이 성을 단지 호기심의 대상으로 보지 않고 생명체의 기본적인 생명 활동의 하나로서 과학적으로 이해하고 바라볼 수 있게 배려해 주어야 할 책임이 우리에게 있는 것이다.

〈복잡성의 과학은 여성의 과학〉

지금의 컴퓨터는 노이만형 컴퓨터로 한번에 한 가지의 일밖에는 처리하지 못한다. 즉 남성적인 컴퓨터인 것이다. 이것이 컴퓨터의 속도를 저하시키는 병목현상을 유발한다. 이제까지의 과학은 남성의 과학이었다. 대상을 궁극의 요소로 분석하고 그것을 차례차례로 조사해 나간다는 단순한 방식인 것이다. 하지만 앞으로의 과학은 그러한 방법보다는 많은 요소들이 동시에 상호작용할 때 생겨나는 예측할

수 없는 현상에 대한 연구가 시급한 시대이다. 이른바 복
잡성의 과학인 것이다.

　　단순성의 과학이 복잡성의 과학으로 패러다임 전환을
하는 것은 남성의 과학이 여성의 과학으로 전환한다는 것
을 의미하고 있다. 여성들이 다중적인 작업을 잘 처리하도
록 두뇌가 발달한 것은 동굴 속에 남아서 여러 가지 잡다
한 가사를 동시에 처리해야 할 필요가 있었기 때문이었는
지도 모른다.

　　더구나 여성호르몬은 좌뇌와 우뇌의 연결을 촉진한다
고 한다. 좌뇌와 우뇌가 협력을 잘하는 여성은 남성들보다
복잡성의 과학에서 더욱 좋은 성과를 올릴 가능성이 크다.
여성들이 남성들보다 병렬적으로 일을 잘 처리하며 직관도
더욱 뛰어나다는 점이 그것이다.

인간은 유전자로 결정되는가?

　　인간 게놈프로젝트 이후 마치 유전자가 우리의 모든
것을 결정하는 것처럼 오해하는 사람들도 있다. 새로운 유
전자를 찾는 과학자들도 그 유전자가 인간의 형질에 결정
적인 역할을 하기를 내심 바란다. 그래야 자신의 연구 성
과가 돋보이기 때문이다. 오랜 고생 끝에 찾아낸 유전자가
그저 그렇고 그런 평범한 유전자라면 싱거울 것이다. 유전
자의 이름은 대개 그 유전자의 역할과 관련되어 지어진다.
비만유전자, 치매유전자, 혈우병 유전자 등등 때문에 우리

는 유전자 결정론에 빠지기 쉽다. 분명히 혈우병 유전자를 가진 사람은 자신이 혈우병에 걸리든지 아니면 자손 중에 혈우병을 앓은 사람이 생긴다.

그럼 인간의 운명, 그 사람됨은 모두 그 사람의 유전자로 결정되는가? 물론 아니다. 하지만 유전자는 우리 인간의 기본적인 바탕이 된다. 유전자 중에는 심대하게 한 개인의 운명을 결정하는 유전자도 있다. 앞에서 말한 유전자 질환을 일으키는 유전자들이 그것이다. 이들은 인간의 생존이나 성장 등에 결정적인 영향을 주는 유전자이다. 하지만 이들이 잘못되는 경우는 극소수이며, 유전질환자들도 머지 않아 유전자 치료기술의 발달로 그 난치병으로부터 벗어나 새로운 인생을 즐길 수 있게 될지도 모른다. 더구나 유전자 중에는 있으나 마나한 유전자들도 숱하게 많다. 머리카락이 직모이든 곱슬이든, 검은색이든 노란색이든 생존 자체에는 거의 영향이 없다.

이처럼 인생이란 필연과 우연이라는 두 개의 씨줄과 날줄로 짜는 천과 같다. 따라서 운명은 이미 결정되었다고 생각하는 숙명론은 옳은 것이 아니며, 그렇다고 미래는 결코 아무것도 알 수 없다는 불가지론도 옳지 않다. 우리의 미래는 우리 자신의 유전자나 성실함으로 어느 정도 예견할 수 있으며 그리고 환경의 우연적인 요소에 의해 얼마든지 상황은 달라질 수 있다.

처음의 생명체는 유전자에 절대적으로 의존하는 원시적인 존재였다. 유전자 자체가 생존을 결정하는 그런 시대였다. 더구나 환경의 영향도 절대적이였다. 하지만 생명체는 진화를 통해 유전자로부터 보다 자유로운 시스템을 발달시켜왔다. 그리고 환경의 변화에도 적극적으로 대처할 수 있는 능력을 획득했다. 처음의 생명체는 주성이라는 아주 원시적인 반응밖에 할 줄 몰랐다. 이것은 그야말로 유전자의 정보 그 자체라고 할 수 있다. 설탕을 수용하는 단백질은 세포가 설탕이 보다 많은 쪽으로 움직이게 만든다. 황산을 감지하는 단백질은 황산이 없는 쪽으로 움직이게 한다. 만일 이런 유전자에 결합이 생기면 세포는 굶어 죽거나 독극물에 죽을 것이다.

하지만 생물체는 환경이 단지 설탕과 황산만으로 이루어진 세계가 아니라는 것을 알고, 자신의 선택을 높이기 위해 보다 많은 유전자를 만들어냈다. 이러한 유전자들이 상호작용하면서 생물은 보다 영리하게 반응할 수 있게 되어간다. 본능적으로 행동할 줄 알게 되고 학습도 가능하게 된다. 인간이 되면 생명정보 처리를 유전자에만 맡기지 않고 두뇌라는 새로운 정보처리 시스템을 갖춘다. 두뇌는 거의 유전정보로부터 독립적으로 한 인간의 생명을 영위하기 위해 조직된 아주 특별한 기관이다. 두뇌는 학습과 추론 등을 통해 유전자보다 더 신속하고 더욱 영리하게 자신의 가능성을 확장해 왔다.

그렇다! 인간을 가장 인간답게 만드는 것은 그의 인격, 영혼인 것으로 이것은 오로지 유전자만으로 절대적으로 결정되는 것이 아니다. 유전자는 어디까지나 영혼이 성장할

무대만 만들어줄 뿐이다. 자신의 영혼은 자신이 만들어 간다. 열심히 노력하여 자신의 자질을 상승시키고 때를 기다리면 분명 자신의 운명을 개척할 수 있다.

인간의 두뇌는 진흙처럼 풍부한 가소성이 있다. 우리는 위대한 사상가에서부터 고도의 숙련된 기술자, 지고의 예술가 등 그 어떤 존재도 될 가능성을 가지고 있다. 우리의 과학 기술이 아직은 미비하여, 지금 당장 유전자 자체를 보다 우수한 유전자로 바꿀 수는 없다. 그렇다고 자신의 영혼이 고귀한 영혼으로 자랄 수 없는 것은 아니다. 아무리 좋은 혈통의 사람이라도 경우에 따라서는 옹졸하고, 소인배 같은 영혼으로 전락하는 것은 역사에서나 주위에서 얼마든지 볼 수 있다.

이 책에서 말하는 유전자는 말 그대로 유전자일 뿐이다. 여러분의 부모님에게서 물려받은 유전자일 뿐이며 그 이상의 것은 아니다. 하지만 유전자는 우리의 바탕이 되는 기본적인 정보이다. 따라서 우리는 유전자를 올바로 이해하는 것이 필요하다. 여러분이 이 책에서 말하는 유전자들을 올바로 이해하여 여러분의 삶을 풍요롭게 하는 밑거름으로 삼기를 바라마지 않는다.

제2장
유전자 지도

유전물질 DNA

인간의 유전자 즉 게놈은 다음 그림에서 보는 것같이 인산, 당, 염기가 하나의 단위가 되는 뉴클레오티드(nucleotide)라는 단위가 상보적인 염기끼리 결합해, 그것이 주욱 사슬처럼 이어진 데옥시리보 뉴클레익 에시드(Deoxyribo Nucleic Acid ; DNA)라는 물질로 이루어진 것이다.

이 기다란 이름의 물질은 독일의 튜빙겐에서 연구를 하고 있던 25세의 젊은 스위스 과학자 미셔(Johann Fridrich Miesher, 1844~1895)가 1869년에 처음으로 발견했다.

이 DNA를 이루고 있는 염기 A, G, C, T의 배열방법에 의해 유전정보가 정해진다. 즉 A, G, C, T는 유전자라는 문장을 만드는 기본 문자인 셈이다.

이 DNA의 염기배열은 먼저 RNA라는 분자로 번역된다. 그리고 RNA는 세포질로 나가서 리보솜에서 단백질을 만든다. 그리고 그 단백질이 생명 활동을 나타내는 것이다. 이것이 지금의 분자생물학이 말하는 생명의 비밀이다. 이

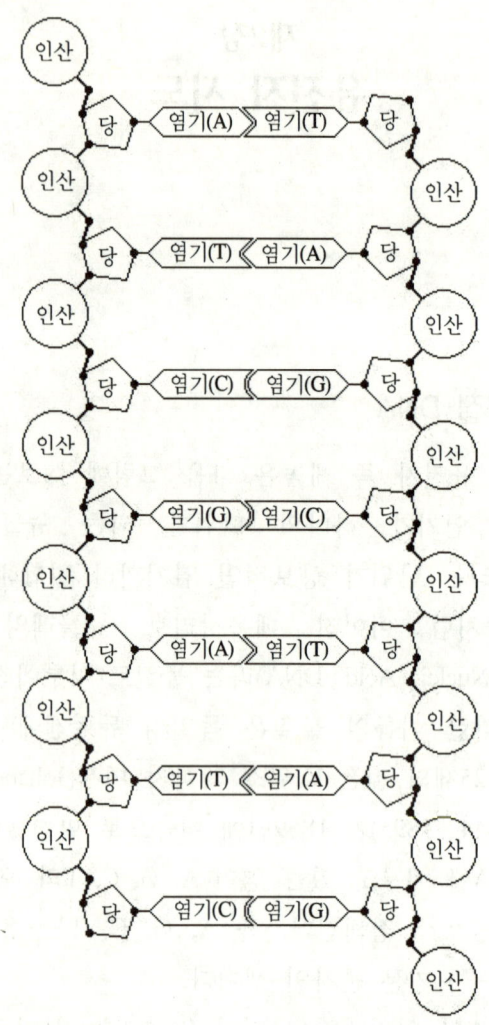

렇게 DNA는 생명의 최고사령부이기 때문에 중요한 것이
다. 사실 DNA가 처음부터 생명의 사령부였던 것은 아니라
고 과학자들은 추정하고 있다.

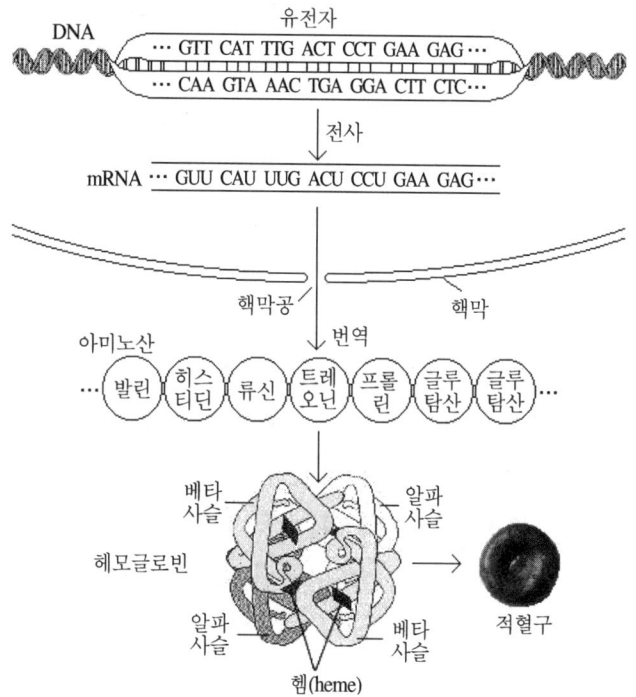

즉, 태초부터 DNA가 등장하여 생명체를 만든 것이 아니고 보다 자유스럽고 부드러운 RNA가 단백질과 협력하여 태초의 원시적인 생명체를 만들었다고 생물학자들은 생각하고 있다. 그런데 점점 생물체가 복잡해지면서 불안전한 RNA에 점점 늘어나는 유전정보를 저장하기 어려워졌다는 것이다.

그래서 RNA보다 훨씬 안정적인 DNA가 등장하여 유전정보를 보다 안전하게 보관하는 역할을 맡게 되었다고 한다. 인류의 역사를 돌이켜보아도 인류 문화는 처음에는 여기저기서 매우 소박하고 거친 형태로 등장한다. 그리고 그러한 문화를 기록 보존하는 것도 단편적으로 이 사람, 저 사람이 두서없이 하기 마련이다. 하지만 세월이 흐르면서 인류 문화의 발전을 위해 그 동안 인류가 발전시킨 문화유산을 보다 체계적으로 정리하고 영구토록 보존하는 방법을 고안하는 사람이 등장한다.

중국에서는 사마천의 사기가 그것이다. 중국에는 그 동안 여러 왕들의 역사를 단편적으로 기록한 역사서들이 전해오고 있었는데 사마천이 처음으로 이것들을 정리하여 통일적으로 중국의 역사를 세운 것이다. 아마도 생명의 역사에서도 여기저기서 여러 가지 유전자들이 처음에는 RNA 형태로 등장하였지만 이들이 곧 DNA로 정리되면서 본격적인 생명의 역사가 시작되었다고 할 수 있겠다.

따라서 우리가 사기를 보면 중국의 역사를 알 수 있듯이, DNA를 보면 그 생명체가 어떻게 움직이는지 파악할 수 있을 뿐만 아니라 그 생명체가 어떤 진화의 역사를 걸어왔는지도 알 수 있다. 인간 게놈프로젝트는 바로 인간의 세포에 있는 이 DNA의 염기서열을 모두 읽어내는 작업으로 인간 생명의 최고사령부에 어떤 내용이 기록되어 있는지 살펴볼 수 있을 뿐만 아니라 인간이 걸어온 진화의 역사도 알 수 있는 매우 중요한 작업인 셈이다.

그런데 DNA는 전자현미경으로도 잘 볼 수 없을 만큼 매우 가느다랗고 긴 고분자로 이것을 읽어내고 다루는 데는 결코 간단하지 않은 기술들이 필요하다. 이제 그 기본적인 방법들에 대해 알아보자.

DNA 편집도구

요즘에는 글을 쓸 때 워드프로세서라는 편리한 프로그램을 사용한다. 하지만 예전에는 원고지에 글을 썼다. 원고지 상의 글을 수정하고 편집하기 위해서는 가위와 풀 등의 편집도구가 필요했다. DNA상에 쓰여진 유전정보도 편집도구를 이용해 편집되고 정리되는 모양이다. 우선 기다란 DNA를 적당한 곳에서 자르는 제한효소, 잘린 DNA를 적당한 곳에서 붙이는 연결효소 그리고 복사하는 복제효소, 역전사효소, 벡터 등이 그것이다.

우리가 DNA를 해독하는 데도 이들 DNA 편집도구들을 사용한다. 그리고 여러 가지 생화학반응의 기법들도 사용하게 되는 것이다.

〈제한효소〉

기다란 DNA를 자르는 제한효소에는 에코 알(Eco R)1 이라는 효소가 있다. 이 효소는 오른쪽으로 읽거나 왼쪽으로 읽어도 GAATTC라는 염기가 배열된 DNA 사슬을 다음 그림처럼 G와 A 사이만 자른다.

이 제한효소는 원래 세균 속에서 발견되었다. 세균은 자신에게 기생하는 바이러스의 DNA를 토막내어 버리기 위해 이 제한효소라는 방어무기를 갖춘 것이다.

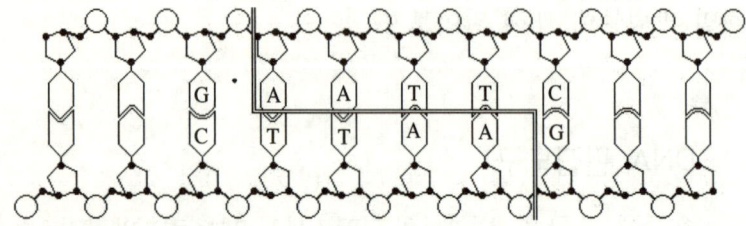

〈연결효소〉

절단된 DNA를 붙이는 연결효소로 DNA 리가아제이다. 이 효소는 당연히 바이러스가 갖추고 있으면서 제한효소로 잘린 DNA를 붙이기 위해 사용한다.

〈복제효소〉

DNA는 그 정보를 발휘하고 후손에게 전달하기 위해서는 복제되어야 한다. 한 DNA가 생성하는 단백질 양보다는 여러 개의 DNA가 동시에 작업하여 만든 많은 양의 단백질이 필요하기 때문이다. 그리고 DNA는 필요에 따라 변이가 일어나야 한다. 그래서 원본을 보존하기 위해서도 복제가 필요할 것이다.

이렇게 DNA 복제를 담당하는 효소를 DNA 폴리메라제라고 한다. 이 효소는 대장균에서 발견되었는데 1초 동안에 5,000염기를 복제하는 초고속 복사기이다.

그런데 DNA를 복제하기 위해서는 복제 출발점을 알아야 한다. 그러한 출발점을 지시하는 것이 프라이머라는 짧은 뉴클레오티드 사슬이다.

〈역전사효소〉

생명 정보는 기본적으로 DNA에서 RNA로 그리고 단백질로 전달되어 발현된다. 이것이 중심교조(Central Dogma)이다. 그런데 레트로 바이러스에서 RNA 정보가 DNA로 역행되는 것이 발견되었다. 레트로 바이러스는 RNA 바이러스로 숙주세포에 침입하여 자신의 RNA 정보를 숙주세포의 DNA에 몰래 끼워 넣는다. 즉 RNA 정보를 DNA 정보로 바꾸어 집어넣는 것이다. 이렇게 하기 위해서는 RNA 정보를 DNA 정보로 바꾸는 역전사효소가 필요한 것이다.

앞에서 이야기했지만, 태초의 생명정보는 RNA에 기록되었다는 RNA 월드가설이 있다. 아마도 이 태초의 RNA는 점점 유전정보가 증가하자 보다 화학적으로 안정적인 새로운 정보 저장매체로 DNA를 선택하고 DNA에 기존의 RNA 정보를 옮기지 않았나 생각하고 있다. 이때 역전사효소가 필요했을 것이다. 즉 레트로 바이러스는 태고의 시절 RNA 세계에서 살았던 바이러스가 아닐까?

〈벡터〉

DNA가 거대분자라고는 해도 인간의 척도에서는 매우 작은 미시세계이다. 따라서 DNA를 자르고 붙이고 하는 편집작업을 인간의 손으로 직접 할 수 없기 때문에 효소를 이용하는 것이다. 마찬가지로 DNA를 원하는 곳에 옮기는 것도 인간의 손으로 직접 할 수 없다. 자른 DNA 절편을

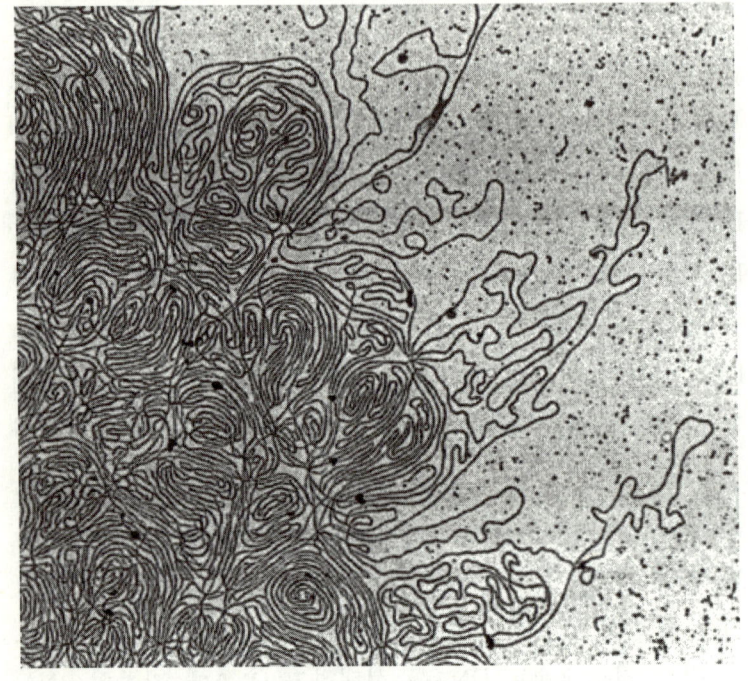

풀어진 DNA 사슬

원하는 부위로 옮기는 역할을 하는 것이 벡터이다. 이 벡
터로 사용하는 것이다. 작은 환상 DNA인 플라스미드이다.

염색체

게놈은 DNA라고 하는 매우 가느다랗고 긴 실같은 분
자로 되어 있다고 했다. 이 기다란 DNA 분자는 보통은 세
포의 핵 속에 풀어진 상태로 들어 있다. 때문에 현미경으
로 들여다보아도 보이지 않는다. 너무 가느다랗기 때문이

다. 하지만 우리가 이사를 갈 때는 박스 속에 이사 짐을 꾸려 넣듯이, 세포들이 분열을 하거나 자손에게 유전자를 건네주기 위해서는 기다랗게 풀린 상태로 건네주지 않는다.

기다란 DNA 분자를 그대로 이동하다가는 끊어지는 수가 있기 때문이다. 중요한 설계도가 찢어지면 큰일인 것처럼 말이다. 그래서 굵기 2나노미터 길이 5cm의 기다란 DNA 분자는 다음 그림처럼 차곡차곡 정성스럽게 접혀져서 땅딸막한 막대모양으로 변해 간다.

우선 DNA 분자는 히스톤이라는 염기성 단백질을 실패 삼아 두 바퀴 정도 감겨 뉴크레오좀이라는 것을 만든다. 뉴클레오좀이 마치 염주알처럼 죽 늘어선 것이 다음 그림이다. 뉴클레오좀을 만든 DNA는 길이가 2cm로 줄어들고 대신 굵기는 11나노미터로 굵어진다.

다음에는 뉴클레오좀들을 연결하는 링커 DNA가 뉴클레오좀들을 당겨서 다닥다닥 붙게 만들고 이것이 스프링처럼 휘감겨 솔레노이드가 된다. 길이는 1.2mm로 대폭 줄어들고 굵기는 30나노미터로 늘어난다. 그림은 크게 확대된 것이다.

다음으로 이 솔레노이드는 다시 코일링 되어 슈퍼솔레노이드가 된다. 길이는 이제 100마이크로미터로 줄어들고 굵기는 300나노미터로 늘어난다. 다음 그림도 크게 확대된 것이다.

다시 이 슈퍼 솔레노이드가 이리저리 마구 꼬이고 휘감기면서 염색체를 만들게 된다. 사실 이 과정은 아직 분

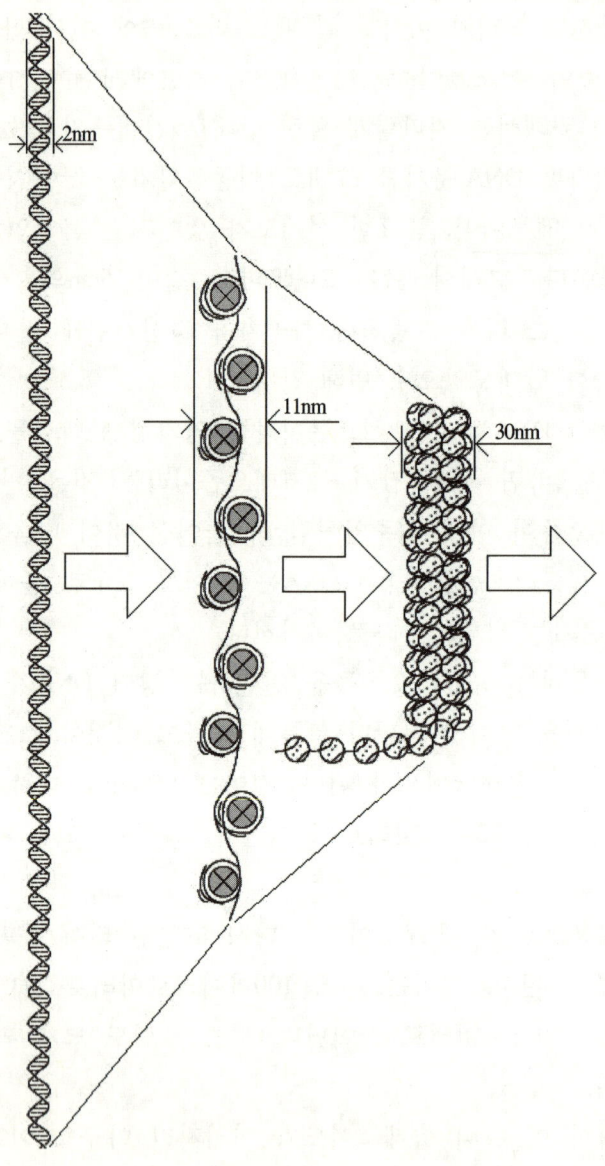

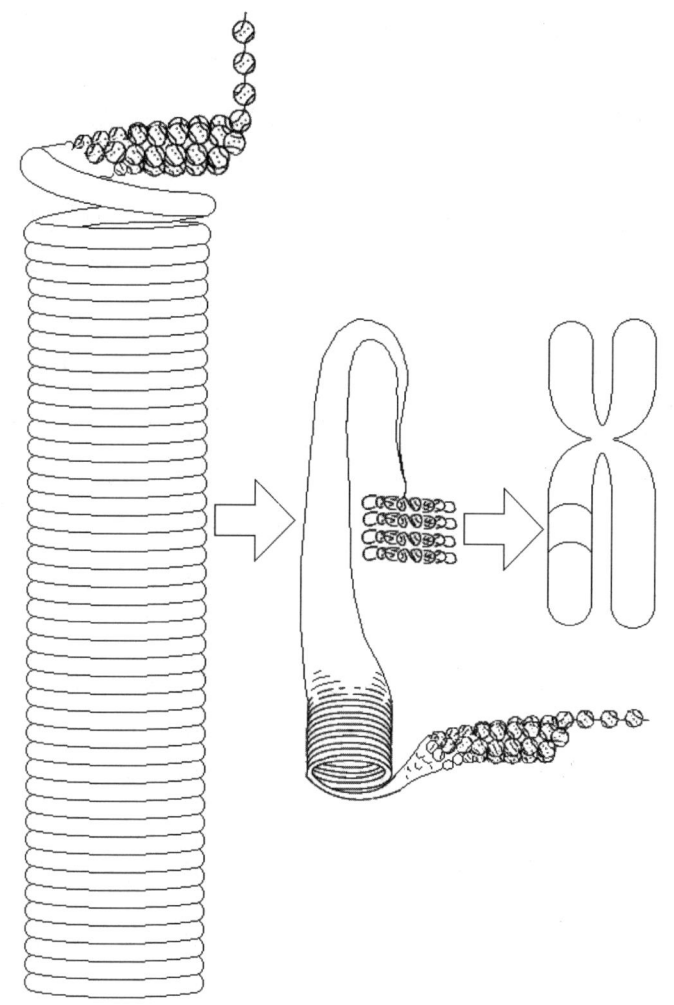

명하게 과학자들이 밝히지 못하고 있다.

아무튼 염색체의 길이는 이제 5마이크로미터로 줄어들고 굵기는 700나노미터가 된다. 즉 길이만 생각하면 5cm가

5마이크로미터로 줄어들었으니 약 1만배나 압축된 것이다. 얼마나 놀라운 압축률인가!!

이처럼 유전정보를 담고 있는 하얀 색의 기다란 DNA 라는 정보의 실은 우리가 기다란 실을 그대로 두면 헝클어 져서 못 쓰게 되기 때문에 실패에 감아두는 것처럼 DNA 분자는 막대모양의 염색체로 감겨 세포분열을 할 때에 운 반되어 가는 것이다. 따라서 염색체를 관찰할 수 있는 것 은 세포분열이 일어나는 매우 짧은 순간에만 관찰 할 수 있다. 이렇게 해서 만들어진 염색체가 인간에게는 상염색 체 22개, 성염색체 X, Y 2개가 있다. 이제 이들 염색체에 있는 유전자들을 다시 한번 정리해 보자.

유전자 지도

1956년 티지오(Joe-Hin Tjio)와 레반(Albert Levan)에 의 해 사람의 염색체 수가 46(23쌍)개임이 밝혀진 이래, 염색 체들의 분류와 연구가 본격적으로 시작되었다.

인간의 게놈은 모두 23쌍의 염색체로 되어 있고 이들 은 그 크기 순으로 번호가 매겨져 있다. 즉 염색체들을 크 기에 따라 배열을 하는데 짧은 팔이 위로 가도록 하고 가 운데 잘룩한 중심립(centromere)을 맞추어서 배열을 해 간 다. 이렇게 해서 그려진 그림을 염색체의 핵형도(idiogram) 라 한다.

이제 이들 염색체의 어디에 우리가 알고 싶은 유전자

가 있는지 표시해야 한다. 그것을
유전자지도라고 한다. 우리가 한
나라의 지도를 보면 먼저 전국을
도로 나누고 도는 다시 군이나 시
로 나누면 군은 다시 면으로 시는
동으로 구분하여 주소를 부여하는
것처럼 염색체도 구분을 지어서
각 부분에 유전자가 있다고 표시
하고 주소를 부여한다.

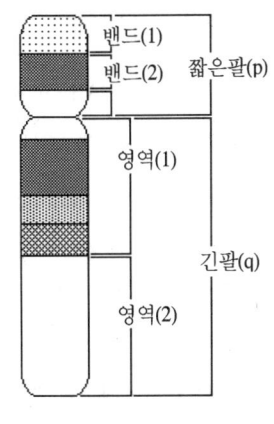

염색체의 세부영역

염색체는 다음 그림에서 보는
것처럼 가운데 잘록한 중심립을 경계로 짧은 쪽을 p팔 긴
쪽을 q팔이라고 부른다. 각 팔은 영역이라는 부분으로 나
누어지고 다시 영역은 밴드로 구분된다.

즉 인간 전체 염색체는 우선 크기 순서로 염색체 번호
가 부여되고 각 염색체는 팔, 영역, 밴드라는 계층적인 구
조로 구분되어 있다. 실제로 특정 유전자의 위치를 나타내
는 경우, 예를 들어 '1q23의 밴드'라고 말한다. 즉 이 유전
자는 1번 염색체에 있고, 1번 염색체의 짧은 팔(p)에는 3개
의 영역이 있고 그 안에는 각각 몇 개의 밴드가 있다. 긴
팔(q)에는 4개의 영역이 있고 각각에도 몇 갠가의 밴드가
있다. 따라서 1q23은 1번 염색체 긴팔 2번 영역 3번 밴드
라는 의미이다. 이러한 방법으로 특정 유전자의 염색체상
의 위치를 나타내는 것이다.

1번 염색체

가장 긴 1번 염색체의 역할은 무엇일까? 생명의 가장 기본적인 기능을 담당하고 있을까? 염색체의 길이는 왜 제각각이며, 1번 염색체가 그렇게 길게 되었던 이유는 무엇일까? 만일 1번 염색체를 제거하면 세포는 어떻게 될까? 아직은 아무도 이러한 의문에 속시원한 해답을 가지고 있지는 않다. 우리는 갑자기 우리 자신에 대해 너무도 많은 호기심을 갖게 되었다. 우리가 우리 자신에 대해 이렇게도 무지했다는 것이 놀라울 뿐이다.

1번 염색체 염기배열 길이는 263Mb이다. 즉, 1번 염색체는 약 2억 6천만개의 DNA 염기로 이루어져 있으며 약 29에서 33개의 슈퍼코일로 되어 있다. 1번 염색체의 짧은 팔인 p팔에는 3개의 영역이 있고, 긴 q팔에는 4개의 영역이 있다. 그리고 약 897개의 유전자가 발견되었다. 이제부터 이들 유전자에 대해서 알아보자.

〈종양괴사인자와 그 수용체〉

백혈구에서 만들어지는 종양괴사인자는 암세포를 죽이는 탁월한 효과가 있다. 하지만 정상세포도 마구 죽이기 때문에 암 치료제로는 사용하지 못한다. 1번 염색체에는 종양괴사인자(TNFSF6 ; Tumor Necrosis Factor(ligand) Super-family, member 6)6번, 18번, 4번의 유전자가 각각 1q23, 1q23, 1q25의 위치에 있다. 그리고 13번과 14번 염색체에도 종양괴사인자 유전자가 있다. 이들에 대해서는 해당 염색

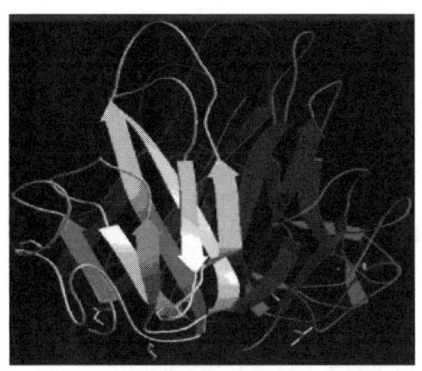

종양괴사인자 분자구조

체 편에서 다루기로 한다.

종양괴사인자가 있다면 이들을 수용하는 수용체가 있다는 것이다. 1번 염색체의 짧은 팔 맨 위에는 이 수용체를 만드는 유전자들이 줄줄이 있다.

1번 염색체의 제일 위쪽의 1p36.3-p36.2에 종양괴사인자수용체족14(TNFRSF14 ; Tumor Necrosis Factor Receptor Super Family member 14)번 유전자가 있으며, 그 다음에 종양괴사인자수용체12(TNFRSF12), TNFRSF18, TNFRSF9, TNFRSF8, TNFRSF4, TNFRSF1B가 모여 있다.

p

3
36
35
34
33
32
31
22
21
13
12
11

2

1

q

1
11
12
21
22
23
24
25
31
32
41
42
43
44

2

3

4

종양괴사인자(TNF)수용체14
종양괴사인자(TNF)수용체12
종양괴사인자(TNF)수용체18

세로토닌수용체
종양단백질 p73
우로텐신 2

암유전자Lmyc
RH혈액형 유전자

RNA결합 단백질 조절 단위
아데닐레이트 키나제2
히스톤 디세틸라제

칼니친팔미틸
트란스페라제2

비만유전자

프로스타글라딘F
수용체

칼포닌(CNN3)유전자

아밀라제 콜라겐 11형

갑상선자극호르몬
암유전자Nras

히드로액시드 옥시다제2
아데노신A3수용체

고서병(GBA)유전자
메탁신 1

정상백내장
트랜스겔린 2
레티노이드X수용체

종양괴사인자(TNF)6
종양괴사인자(TNF)18
HPC1

칼시크린 결합 단백

시크로옥시게게제
종양괴사인자(TNF)4

인터루킨 10
인터루킨 19

콘텍틴 2

알츠하이머병
인터페론 조절인자 6
SRY-box13

좌우결정인자B
코넥신 46

여성호르몬 관련 수용체 감마

골격근유전자
액티닌 알파2

트랜슬린 관련인자 10
체디악-히가시 증후군 1

랙틴 니도젠

히스톤 H3 라민 B 수용체

〈칼포닌〉

칼포닌(calponin)은 평활근 세포의 액틴, 트로포미오신 결합단백질로 단리 되어 이름 붙여졌다. 칼포닌은 염기성, 중성, 산성의 3가지가 있는데 중성과 산성은 상피세포에서도 보인다. 칼포닌의 N말단영역은 암억제 산물의 영역과 같은 부분이 있는 것으로 보아 평활근의 수축과 이완기능의 조절만이 아니고 세포증식 분화에도 관여하고 있는 것으로 생각된다. 이 칼포닌을 만드는 유전자 CNN3이 1p22-p21에 있다.

〈고서병 유전자〉

고서병은 1882년 프랑스의 의사 고서(Phillipe Charles Ernest Gaucher, 1853~1918)가 발견한 드문 열성유전병으로 글루코세러브로시드(glucocerebroside)라는 복합당지질이 체내의 여러 장기에 축적되는 선천성 대사이상증으로 전 세계에 약 5000명 정도의 환자가 있다.

고서

우리 인체의 세포에서 적혈구를 제외한 모든 세포에는 골지체에서 만들어진 리소좀(lysosome)이라는 작은 소기관이 있다. 리소좀에는 산성 탈인산가수분해효소, 리보핵산 가수분해효소, 가텝신, β-글루클로리타아제, 아릴술퍼타아

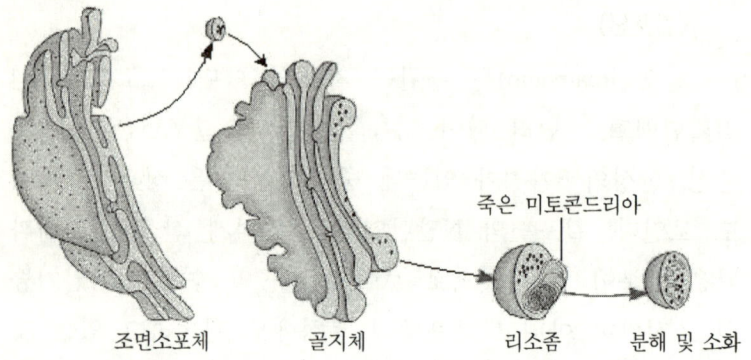

조면소포체   골지체   리소좀   분해 및 소화

죽은 미토콘드리아

제 등의 약 50종류의 여러 가지 분해효소가 있어서 세포
내 불필요한 당단백질, 당지질 등을 분해 처분하는 청소부
역할을 한다. 그런데 이 리소좀에 필요한 분해효소가 없으
면 불필요한 물질이 자꾸 축적되어서 세포의 기능이 정지
된다.

고서병은 리소좀에 글루코세러브로시다제(glucocerebro-
sidase)라는 가수분해효소가 없어서 세포 내에 글루코세러
브로시드가 축적되어 생기는 병이다.

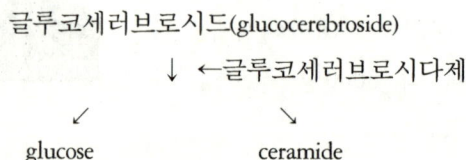

글루코세러브로시드(glucocerebroside)

↓ ←글루코세러브로시다제

glucose   ceramide

이 효소를 만드는 유전자는 1번 염색체의 긴 팔인
1q21에 있는 GBA 유전자이다. 이 유전자에 이상이 생기거
나 결손되면 위의 효소를 만들지 못해 글루코세러브로시드

가 주로 간장, 지라(비장), 골수, 중추신경계에 축적되어 지라와 간장이 부어오르고 골수 조혈기의 장애로 만성빈혈이 나타난다. 그리고 관절통을 호소하며 뼈가 부러지는 등의 변화가 나타나기도 한다. 고서병은 신경장애, 영양장애, 호흡장애 등이 일어나는 진행성 질환이다.

〈암유전자〉

그리고 1번 염색체에는 에프지알(fgr), 엘-미크(L-myc), 준(jun), 엔-라스(N-ras), 스키(ski) 등의 암유전자가 있다.

ras 유전자는 처음에 설치류의 바이러스 암유전자(v-ras)로서 클로닝 되었다. 그 후 포유류 일반에서 같은 유전자가 존재한다는 것이 알려졌다. 사람에게는 c-H-ras, c-K-ras, N-ras의 3종류의 패밀리가 있고 각각 사람의 11번 염색체, 12번 염색체, 1번 염색체에 존재한다. ras 유전자가 만드는 단백질은 세포의 증식이나 분화에 관여한다. ras 유전자는 그대로는 암활성을 갖지 않는 원암유전자이지만 이것이 돌연변이 하여 암활성을 얻는다. N-ras 유전자는 사람의 신경아세포종에서 발견된다.(1p13.2)

유방암에 관련이 있다고 생각되는 유전자는 다수 알려져 있다. 1번 염색체의 1p36에도 유방암 유전자 BRCD 2가 있다. 이 유전자는 13번 염색체에 있는 BRCD1 유전자와 함께 암억제유전자로 활동한다. 이들이 변이를 일으키거나 결손되면 유방암을 일으킨다.

〈비만 유전자〉

렙틴 수용체의 유전자가 1번 염색체(1p31)에 있으며 이 유전자의 이상으로 병적인 비만에 걸리는 예가 보고되었다.

〈탄수화물 소화효소 유전자군〉

아밀라제는 녹말을 가수분해해서 포도당으로 만드는 소화효소이다. 분해방식에 따라 알파형, 베타형 등으로 분류한다. 사람은 침샘과 췌장에서 만들어진 2종류의 알파아밀라제 단백질을 가지고 있고, 이들 유전자(침샘유래 : AMY1A, 1B, 1C, 췌장유래 : AMY2A, 2B)는 염색체(1p21) 상에 연이어 존재하는 유전자군이다. 다음은 그 유전자 코드(exon 1)이다.

GCATTCAAGTTAACTCTTCCCCTTGGTATCTGTACAT
ACCTTTGATGTCAGTGTTTAG…중략…TGAATGTGAGCGA
TATTTAGCTCCCAAGGGATTTGGAGGGGTTCAGGTGGGT
ATGA

〈갑상선자극 호르몬 유전자〉

갑상선자극 호르몬(thyroid stimulating hormone : TSH)은 211개의 아미노산, 헤키소스, 헤키소사민, 시알산으로 이루어진 당단백질로, α, β 의 서브유닛으로 되어 있다. 뇌하수체 전엽으로부터 분비되고 생물학적 반감기는 1시간으로 신장, 간장에서 분해된다. 갑상선여포세포의 수용체에

결합하고 cAMP를 증가시키고 갑상선호르몬의 생산 분비
의 모든 과정에 작용한다. 이 갑상선자극 호르몬을 만드는
유전자는 1p13에 있다.

CAGCTGTACATATTTCCACCTTAAAGGGATATCCTAA
GGGTTTGGAAGTGGGATCAGGG…중략…AGGGATATGAA
ATGCCAAAAAGCTCACCTTGAACAGTCTCTCCTAACAGA
GGGCC

〈근육 유전자〉
골격근의 액틴 섬유를 만드는 유전자가 1번 염색체의
1q42.1에 있다.

ACCGCAGCGGACAGCGCCAAGTGAAGCCTCGCTTCC
CTCCCGCGGCGACCAGGGCCCGAG…중략…AGTCACTTT
CTTTGTAACAACTTCCGTTGCTGCCATCGTAAACTGACAC
AGTGTTT

〈히스톤〉
앞에서 염색체를 설명할 때, 기다란 DNA 분자를 휘감
아 뉴클레오좀을 만드는 히스톤이라는 단백질을 언급했다.
이 단백질을 만드는 유전자가 다음과 같이 1번 염색체 상
에 있다.
H4F2(1q21), H3F3A(1q41), H3FT(1q42)

〈DNA 감정부분〉

게놈에는 특정염기 배열이 반복적으로 나타난다. 그 반복횟수는 개인 차가 있기 때문에 DNA 지문으로 활용된다. 1번 염색체(1p36-p35)의 D1S80 유전자에는 16염기가 반복적으로 나타난다. 이 반복횟수가 14회에서 41회까지 다양하다.

GAAACTGGCCTCCAAACACTGCCCGCCGTCCACGGC
CGGCCGGTCCTGCGTGTGAATG…중략…CCACTGGCAAG
GAAGACCACCGGCAAGCCTGCAAGGGGCACGTGCATCTC
CAACAAGAC

이외에도 세포주기를 조절하는 유전자(CDC2L1), 허파 세포를 만드는데 관여하는 유전자(T1A-2), 세포자살에 관여하는 유전자(CASP9) 등이 있다.

2번 염색체

두번째로 긴 2번 염색체 길이는 255Mb로 약 2억 5천만개의 염기로 이루어져 있다. 2번 염색체는 모두 554개의 유전자가 발견되었다.

2번 유전자에는 N-미크(N-myc), 렐(rel) 암유전자가 있으며, 호메오 박스 유전자 등이 있다. N-myc 유전자의 단백질은 유전자의 복제를 조절하고 있다. 이 유전자는 삽입

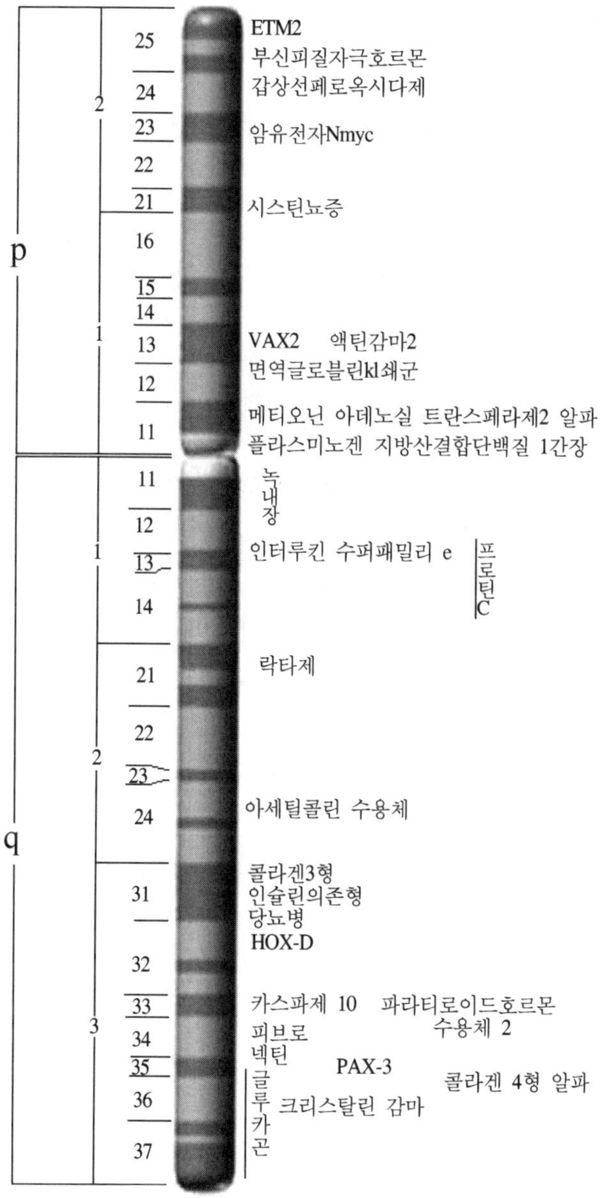

p

2 — 25 — ETM2
부신피질자극호르몬
24 — 갑상선페로옥시다제
23
22
23 — 암유전자Nmyc

21 — 시스틴뇨증

16

15
14
1 — 13 — VAX2   액틴감마2
12 — 면역글로블린kl쇄군

11 — 메티오닌 아데노실 트란스페라제2 알파
플라스미노겐 지방산결합단백질 1간장

q

11 — 녹
12 — 내
장
1 — 13 — 인터루킨 수퍼패밀리 e   프로틴C
14

21 — 락타제

22
2 — 23
24 — 아세틸콜린 수용체

콜라겐3형
31 — 인슐린의존형
당뇨병
HOX-D
32

33 — 카스파제 10   파라티로이드호르몬
수용체 2
3 — 34 — 피브로
넥틴
35 — 글루   PAX-3   콜라겐 4형 알파
36 — 크리스탈린 감마
카곤
37

등에 의해 조절 부위의 조절 능력이 상실되어 발암유전자로 변화된다.

또 2번 염색체에는 체질성 황달과 관련된 유전자가 있다. 적혈구의 산성 포스파타제의 자리도 2번 염색체에 있다. PAX-3이라는 호메오 유전자(2q35)의 이상은 난청과 적색소증, 치조횡문 근육종을 일으키는 바덴버그(Wadenburg)증후군을 일으킨다.

〈부신피질자극 호르몬 유전자〉

부신피질자극 호르몬(ACTH)은 39개의 아미노산으로 된 작은 단백질이다. 뇌하수체 전엽에서 분비되고 항상 일정 비율로 분비되는 것이 아니고 각성시에 높다. 이 호르몬을 만드는 유전자가 2p23.3에 있으며 이 유전자의 이상으로 뇌하수체 기능저하증, 에디슨병에 걸린다.

CTGCTCTTCACAGCATCACCCTCTCCCCATTTAATGG
TTTAGGTTAACAGGACTTTTTCC…중략…GGGAGACTGCT
CAGCTAGCACACGTGTAAAGGCAGGATTCCTGCAAGAGT
GACCC

〈HOX-D〉

신체의 형태 형성에 관여하는 호메오 유전자가 2번 염색체의 2q31-q32에 존재한다.

AGTGTAATGTTGGGTGGGAGTGCGGGACGCCTCAAA
ATGTCTTCCAGTGGCACCCTCAGCAA…중략…GGCGCGG
TGCTGGCGGGAGCGCTCAAGGGCAGCGGATTTGTTGTTG
TTGCTGTTTCCTTTGTGGG

〈백내장 유전자〉

　백내장은 안구의 수정체가 하얗게 탁해져서 시력 저하
를 일으키는 질병이다. 백내장의 원인은 많지만 수정체를
만드는 유전자의 이상으로 생기기도 한다.(2q33-q35)

〈혈당상승 유전자〉

　글루카곤(glucagon)은 췌장에서 분비되어 간장의 글리
코겐을 분해하여 혈당을 상승시킨다. 이 글루카곤 유전자
는 2q36-q37에 있다.

GCTCTGTTCTACAGCACACTACCAGAAGACAGCAGA
AATGAAAAGCATTTACTTTGTGGCTGGG…중략…TTGTCT
TAAAAATACTCAGCTTTCAATGTATCAAAGATACAATTA
AATAAAATTTTCAAGCTTC

3번 염색체

　3번 염색체 길이는 214Mb이다. 개발도상국 중에서 유
일하게 인간 게놈계획에 참여했던 중국은 3번 염색체의 해

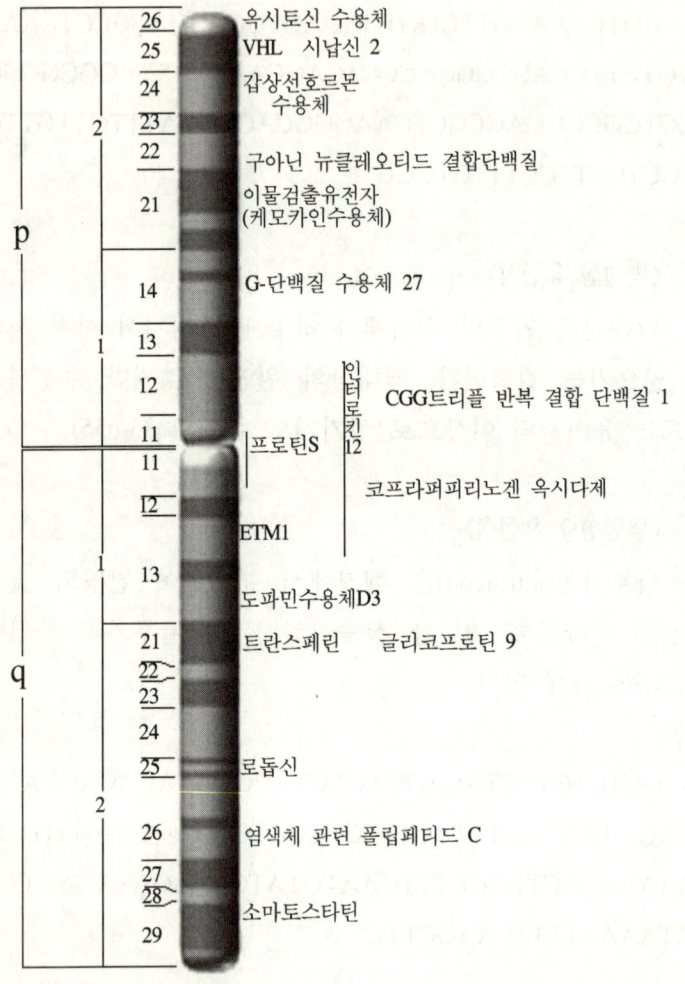

옥시토신 수용체
VHL 시냅신 2
갑상선호르몬
　수용체

구아닌 뉴클레오티드 결합단백질

이물검출유전자
(케모카인수용체)

G-단백질 수용체 27

인터로킨 CGG트리플 반복 결합 단백질 1
　　　 12
프로틴S

코프라퍼피리노겐 옥시다제

ETM1

도파민수용체D3

트란스페린　 글리코프로틴 9

로돕신

염색체 관련 폴립페티드 C

소마토스타틴

독을 맡았다. 3번 염색체는 모두 481개의 유전자가 발견되
었다.

　　영국 브루넬대학 연구팀의 로버트 뉴볼드 박사는 텔로
메라제의 생산을 중단시키는 유전자를 3번 염색체에서 발

견했다고 밝혔다. 이 유전자를 이용해 암세포를 자살시켜
서 암을 치료할 수 있다고 한다. 그리고 3번 염색체에는
라프-1(raf-1) 암유전자가 있다.

또 3번 염색체에는 시각세포의 간체(rhodopsin) 유전자
가 있다. 이 유전자의 이상으로 야맹증에 걸린다. SCLC1이
라는 암억제 유전자가 손상을 받아 없어지면 특정한 종류
의 폐암을 일으킨다.

또 3번 염색체에는 세포자살과 관련된 유전자가 있다.
DNA 엔도뉴클레아제(endonuclease)라는 효소는 DNA를 일
정한 크기로 마구 잘라버린다. 이 효소를 만드는 유전자가
발동하면 DNA가 조각나고 핵도 조각나 세포가 죽는다.

4번 염색체

4번 염색체 길이는 203Mb이다. 4번 염색체는 모두 317
개의 유전자가 발견되었다. 콩팥에 물집이 생기는 상염색
체 우성 다낭성 신종이라는 질병에는 3가지 유형이 있다.
PKD-1(1형), PKD-2(2형), PKD-3(3형)이 그것이다. PKD-2
유전자는 4번 염색체에 있다.

그리고 4번 염색체의 단완 일부가 떨어져 나가면 볼프
힐슈흔(Wolf Hilschorn) 증후군이 나타난다.

〈헌팅턴 무도병 유전자〉

헌팅턴 무도병 환자는 몸이 급속히 쇠약해지고 대뇌

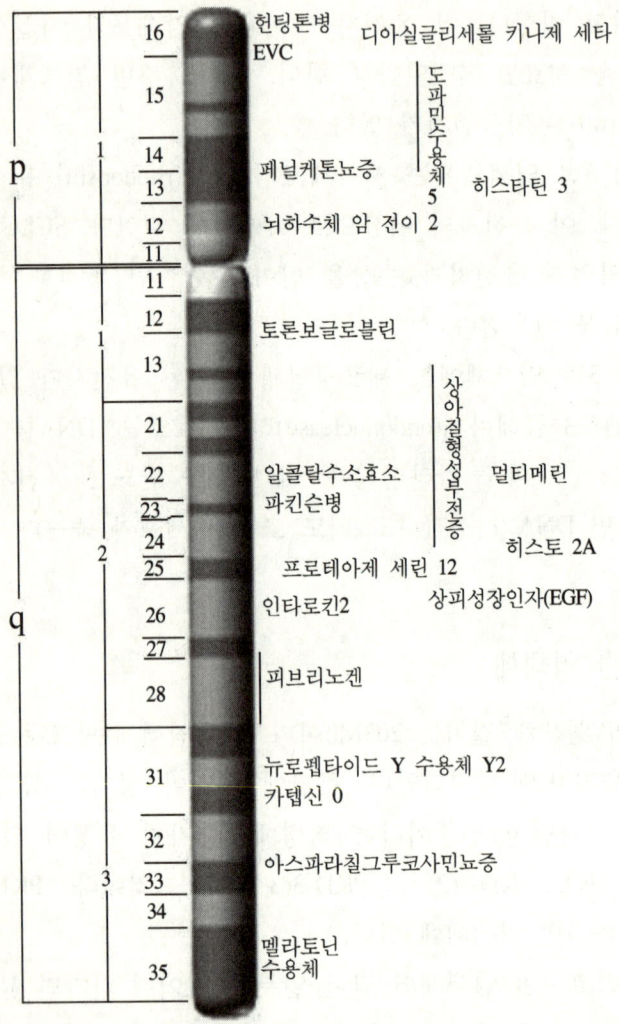

기저핵의 위축으로 자신의 의지와는 무관하게 손발이 움직
이고 전두엽의 위축으로 치매, 간질 증세를 보이다 결국
죽음에 이른다. 헌팅턴 무도병의 유전자는 4p16.3에 있고

우성이기 때문에 동형접합(DD)뿐 아니라 이형접합(Dd)인 경우에도 발병한다. 오직 열성(dd)인 경우에만 헌팅턴 무도병에 걸리지 않는다.

TTGCTGTGTGAGGCAGAACCTGCGGGGGGCAGGGGCG
GGCTGGTTCCCTGGCCAGCCATTG…중략…ATTTAAAATT
TAATTATATCAGTAAAGAGATTAATTTTAACGT

〈제2페닐케톤요증〉

페닐케톤요증은 12번 염색체에 있는 유전자 결손으로 생기지만 디히드로프테린리덕타제(hDHPR)라는 효소나 그 외 관련 유전자의 결손으로도 유사한 증상이 생긴다. 이 경우에는 도파민, 세로토닌 등의 결핍도 생기기 때문에 별도의 치료법을 필요로 한다. 이 효소의 유전자는 4p15.31에 있으며 그 코드의 일부는 다음과 같다.

GTGGCCTACCATGGTTTCAACGGGTAACGGGGAATA
AGGGTTCGATTCGGAGCT…중략…ATGTTCTCAGAAGGG
GGTGGATTTAAATCCTGAAATAAATATTTCAACAC

5번 염색체

5번 염색체의 크기는 194Mb. 5번 염색체는 모두 398개의 유전자가 발견되었다. 5번 염색체의 짧은 팔에 있는

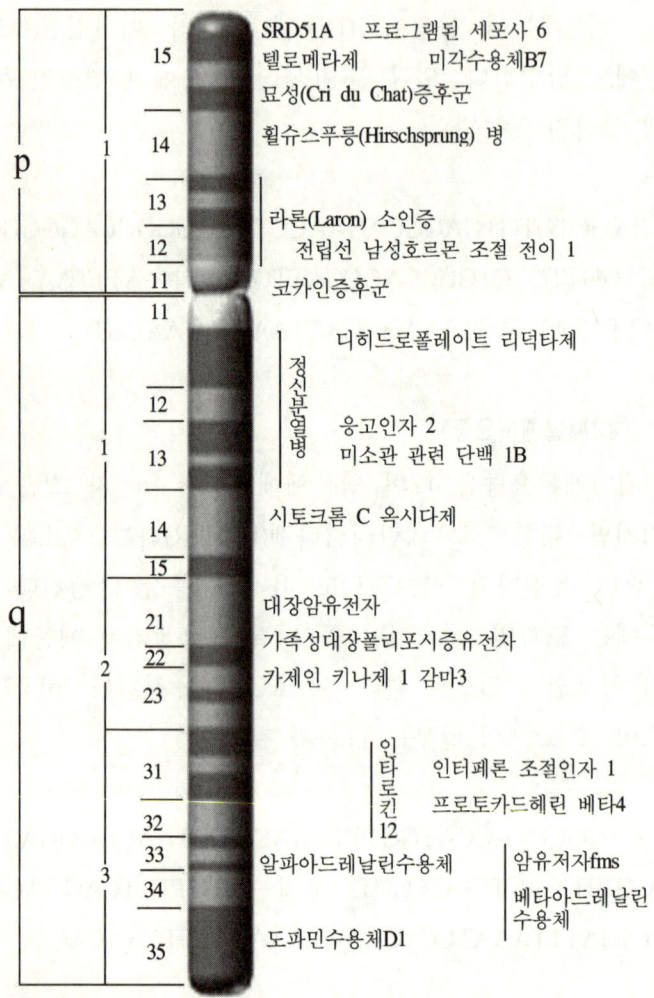

SRD51A   프로그램된 세포사 6
텔로메라제   미각수용체B7
묘성(Cri du Chat)증후군

휠슈스푸릉(Hirschsprung) 병

라론(Laron) 소인증
  전립선 남성호르몬 조절 전이 1
코카인증후군

15

14

13

12

11

11

p

1

14

13

12

11

디히드로폴레이트 리덕타제

응고인자 2
미소관 관련 단백 1B

시토크롬 C 옥시다제

정신분열병

12

13

14

15

q

1

대장암유전자
가족성대장폴리포시증유전자
카제인 키나제 1 감마3

21

22

23

2

인터페론 조절인자 1
프로토카드헤린 베타4

인타로킨 12

31

32

33

34

35

3

알파아드레날린수용체

도파민수용체D1

암유저자fms

베타아드레날린
수용체

유전자가 결손되거나 엉뚱한 자리로 이동하면 고양이 울음
소리를 내는 묘성증후군(Cri Du Chat Syndrome : 프랑스말
로 고양이 울음)이 나타난다.

이 병은 1963년 다운 증후군이 21번 염색체가 하나 더 많아 생긴다는 것을 발견한 레쥬느(J. Lejeune) 교수에 의해 처음 보고 되었다. 묘성증후군은 작은 머리, 둥근 얼굴, 두 눈 사이가 멀고, 턱이 작으며, 여러 단계의 정신발달 장해가 나타난다. 가장 눈에 띄는 증상은 고양이 울음소리를 내는 것으로 기관지의 울림에 이상이 생겨 이런 소리를 낸다.

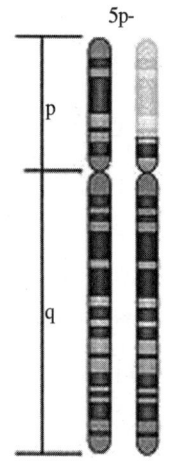

〈수명연장 유전자〉

짧아진 텔로미어를 다시 길어지게 만드는 효소가 텔로메라제이다. 보통의 체세포에서는 볼 수 없고 생식세포나 암세포에서 보인다. 이 효소의 유전자는 5p15.33에 있다.

GCAGCGCTGCGTCCTGCTGCGCACGTGGGAAGCCCT
GGCCCCGGCCACCCCCGCGATGCC…중략…GAGGTGCTG
TGGGAGTAAAATACTGAATATATGAGTTTTTCAGTTTTGA
AAAAAA

인간의 수명을 연장시키기 위해 텔로메라제로 체세포의 수명을 연장하는 연구가 한창이지만 단순히 텔로메라제만으로 체세포의 수명을 연장시키면 이미 다른 부위에 많은 손상을 입은 체세포의 유전자가 악성 유전자가 되어서

암세포가 되어 버린다. 즉 늙고 병든 체세포에게는 세포자
살이나 암세포가 되는 두 갈래 길밖에 없는 셈이다.

〈대장암 유전자〉

그리고 5번 염색체 긴팔(q)에는 폼스(fms)라는 암유전
자, 대장암 유전자(mcc, 5q21) 가족성 대장 폴리포시스증
유전자(APC, 5q21-q22)가 있다. APC 단백질은 세포간 접착
이나 세포 골격에 변화를 주어 암세포화에 관여한다고 생
각된다.

ATTGAGGACTCGGAAATGAGGTCCAAGGGTAGCCAA
GGATGGCTGCAGCTTCATATGAT…중략…GNGAAAACCT
TTTTAAGCATGGTGGGGCACTCAGATAGGNGTNAATACA
CCTACCTGGTGGTCAT

〈남성 호르몬〉

5α-환원효소(reductase) 결핍증 유전자 SRD5A1(5p15)은
정소에서 만들어진 남성호르몬 테스토스테론을 디히드로테
스토스테론(DHT)으로 바꾸어 강한 남성호르몬이 되게 한
다. 그런데 이 호르몬의 결핍으로 염색체가 XY이기 때문
에 고환은 있지만 외성기가 발달하지 않아 여성으로 오인
되는 성분화 이상을 일으킨다. 내성기는 테스토스테론이
만들지만 외성기는 디히드로테스토스테론이 만든다.
SRD5A2는 2번 염색체(2p23)에 있다.

6번 염색체

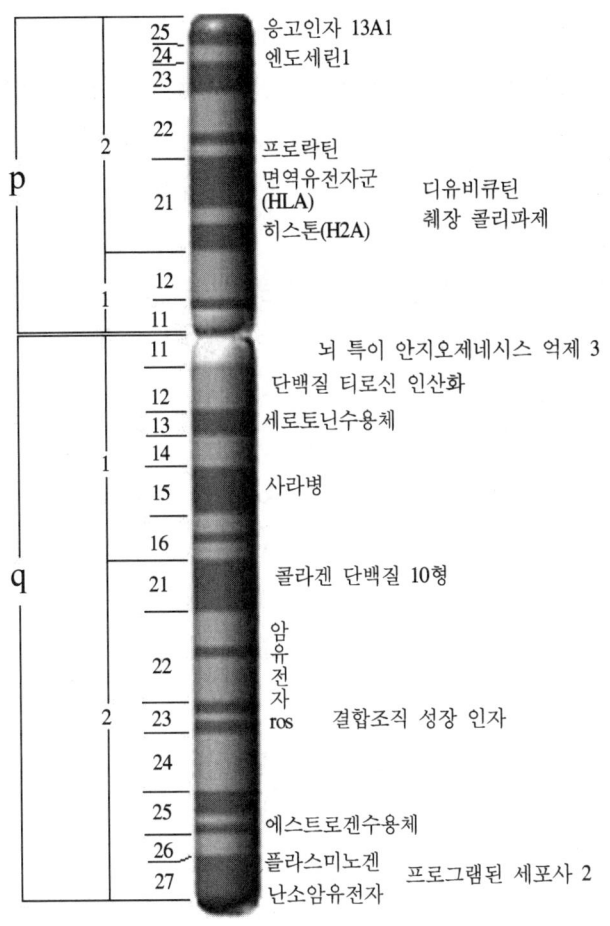

응고인자 13A1
엔도세린1

프로락틴
면역유전자군
(HLA)
히스톤(H2A)

디유비큐틴
췌장 콜리파제

뇌 특이 안지오제네시스 억제 3
단백질 티로신 인산화
세로토닌수용체

사라병

콜라겐 단백질 10형

암유전자 ros
결합조직 성장 인자

에스트로겐수용체
플라스미노겐
난소암유전자
프로그램된 세포사 2

6번 염색체는 183Mb의 크기를 하고 있다. 6번 염색체는 모두 501개의 유전자가 발견되었다. 6번 염색체에는 30에서 40세에 소뇌성 운동실조증을 일으키는 척수소뇌 실조증 1형이라는 병에 관한 유전자가 있다. 6p22에서 23 사이에 CAG 염기가 반복되는 배열의 증가가 발병의 원인이라고 1993년에 오르(Orr) 등이 밝혔다.

6번 염색체에 있는 주조직적합 항원군 유전자(DDM1)에 이상이 생기면 자신의 T 임파구가 자기 췌장의 인슐린 분비세포를 공격해 인슐린 분비가 안 되어 소아형 당뇨병을 생기게 한다.

선천적으로 부신이 과형성 되는 21-수산화효소(P450C21) 결핍증 유전자가 6번 염색체(6p21)에 있다.

〈면역유전자군〉

백혈구항원(HLA ; Human Leukocyte Antigen)은 백혈구 세포 표면에 있는 항원이다. HLA의 가장 중요한 기능은 면역반응에서 자기와 비자기의 구분이다. 외부 침입 세균에게는 일종의 신분증인 HLA가 없기 때문에 적으로 간주되어 백혈구의 공격을 받는다.

7번 염색체

7번 염색체는 171Mb의 크기다. 7번 염색체는 모두 405개의 유전자가 발견되었다. 7번 염색체의 엘라스틴 유전자의 결손으로 눈 주위에 부종이 생기고 두툼한 입술을 가지며 턱이 작고 폐동맥이 폐쇄되는 윌리엄스(Williams) 증후군이라는 질병이 생긴다. 이 질병은 뉴질랜드의 윌리엄스(J.

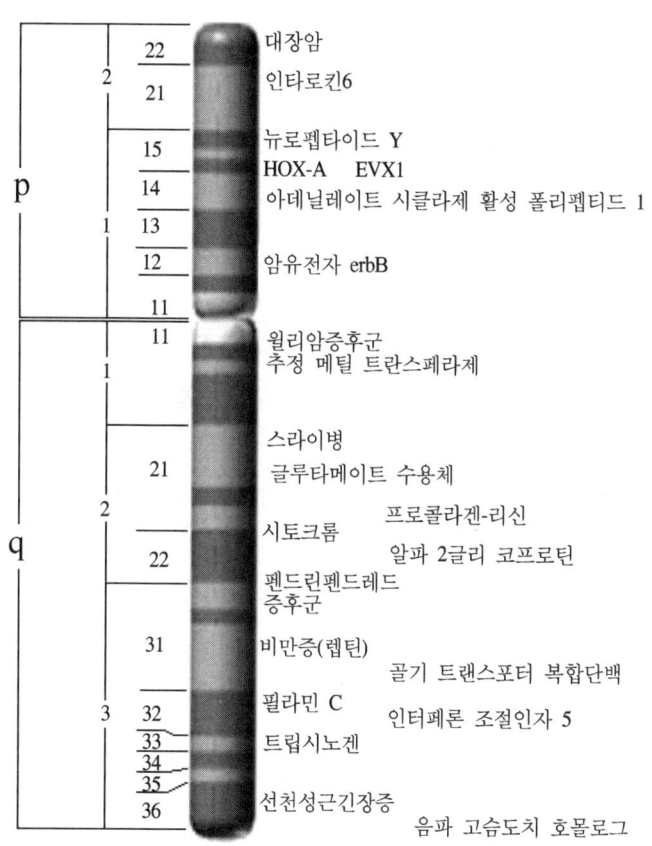

C. P. Williams)가 처음 보고한 유전자병이다. 약 2만명 중
에 한 명 꼴의 빈도로 나타난다.

　7번 염색체에는 뼈를 만드는 콜라겐2형 단백질에 대한
유전자가 있다.(7q21에서 22) 그리고 CFTR 유전자가
7q31.2에 있는데 이 유전자의 결손은 낭포성섬유증, 양측
윤정관결손 등을 일으킨다.

또 7번 염색체에는 청색을 보는 유전자가 있다. 이 유전자가 결손되면 청색을 올바로 볼 수 없게 되는 것이다. 참고로 X 염색체(Xq28)에는 적색 녹색 시물질 단백 유전자가 있다.

〈단백질 소화효소〉

소장에서 단백질을 분해해 소화되도록 하는 트립시노겐이라는 효소가 췌장에서 만들어진다. 트립시노겐은 아직 소화효소로서 작용하지 못하고 소장에 들어가서 트립신으로 변하여 강력한 소화작용을 나타낸다. 이 소화효소 유전자의 위치는 7q32-q36이다.

8번 염색체

8번 염색체의 크기는 155Mb. 8번 염색체는 모두 279개의 유전자가 발견되었다. 8번 염색체에는 지단백 리파제 결핍증에 관한 유전자가 있다. 또 어린 나이에 갑자기 늙는 조로증이 생기는 베르너(Werner) 증후군을 일으키는 유전자도 있다.

또 8번 염색체에는 myc 유전자가 있는데 이 유전자를 포함하는 염색체 절편이 다른 특정염색체에 가서 붙는 돌연변이가 일어나면 특정한 림프종이 생긴다.

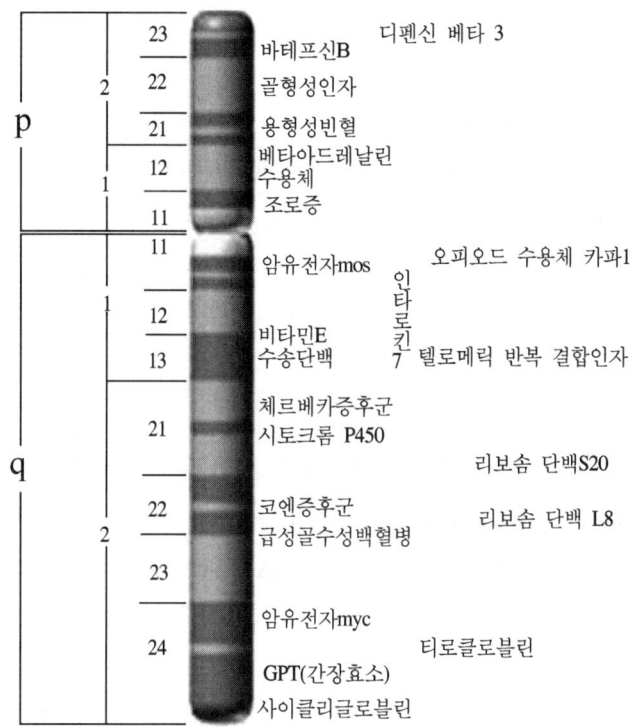

바테프신B
디펜신 베타 3
골형성인자
용형성빈혈
베타아드레날린
수용체
조로증

암유전자mos
오피오드 수용체 카파1
인타로킨 7
비타민E
수송단백
텔로메릭 반복 결합인자
체르베카증후군
시토크롬 P450
리보솜 단백S20
코엔증후군
급성골수성백혈병
리보솜 단백 L8
암유전자myc
티로클로블린
GPT(간장효소)
사이클리글로블린

⟨베르너 증후군⟩

베르너 증후군은 15에서 30세에 발병해서 평균수명이 40에서 50인 조로증이다. 이 조로증 유전자는 8p12-p11.2에 있으며 그 코드는 다음과 같다.

TGTGCGCCGGGGAGGCGCCGGCTTGTACTCGGCAGC
GCGGGAATAAAGTTTGCTGATTTG…중략…TTTGTATTTT
ATATACAATTTCTATTATTTTTCAAGTAATAAAACAATGT

TTTTCATACTGAATATTA

〈간장효소 유전자〉

간장효소(Glutamic-Pyruvate Transaminase)는 아미노산 합성에 필요한 효소이다. GPT는 간장에 함유량이 가장 많고 다음은 신장이다. 그외 각 장기에도 포함되어 있다. GPT는 간장질환 판정할 때도 그 혈중농도를 조사한다. 이 효소의 유전자는 8q24.3에 있고 다음은 그 코드의 일부이다.

CCCCGCCTTCACCCACTGCCTCTGCCTCCCTGGGGCA
GAGCTGTTTCCCAGACGGGTGGG…중략…GGGGTGCTGG
GCCCCTGCCTCTCTGCAGGTCCCTAATAAAGCTGTGTGGC
AGTCTG

9번 염색체

9번 염색체의 크기는 145Mb. 9번 염색체는 모두 340개의 유전자가 발견되었다. 9번 염색체에는 ABO 혈액형을 결정하는 유전자가 있다. 이 유전자에 의해 특정한 전이효소가 발현되고 이 전이효소의 기능에 의해 ABO 혈액형이 발현하게 된다. 보통은 한쪽 염색체에 한 가지 혈액형을 나타내는 유전자가 들어 있어 AB형일 경우 한쪽 상동염색체에서는 A형을 다른 상동염색체에서는 B형을 나타내는 유전자가 들어 있으나 cis-AB일 경우 한쪽 염색체에서

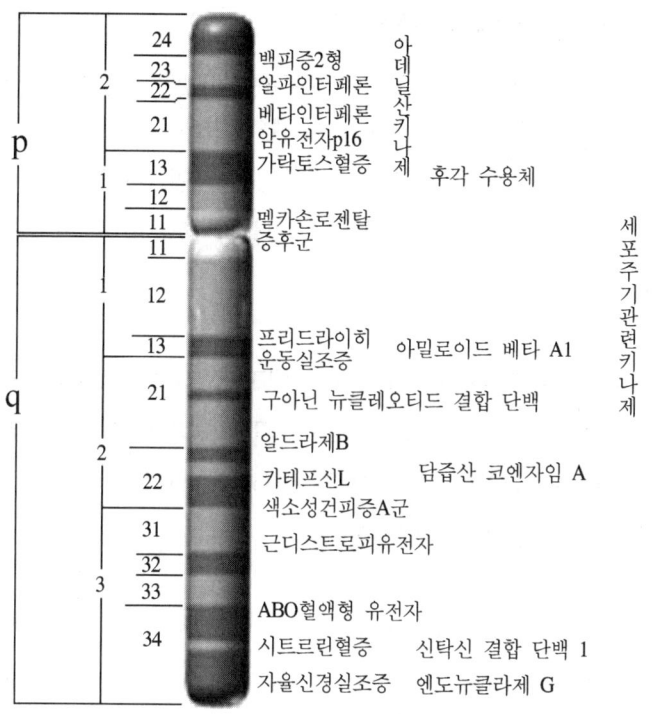

는 AB형을 나타내는 유전자가 다른 염색체에서는 다른 혈액형(A, B, O)을 나타내는 유전자가 있게 된다.

따라서 이런 cis-AB형은 O형과 결혼해도 A형, B형뿐만 아니라 AB형, O형도 나타날 수 있다. 또 9번 염색체에 있는 ABO식 혈액형을 결정하는 유전자의 근처에 있는 LMX1B라는 유전자의 이상에 의해 일어나는 유전병으로 조슬개골증후군(Nail‒Patella Syndrome ; NPS)이라는 질병이 있다. 이 질병은 손톱의 형성이 부진하다.

〈색소성 건피증 유전자〉

색소성 건피증(XPA ; Xeroderma Pigmentosum)은 DNA의
손상 수복 기구가 잘못되어 태양의 자외선에 의해 피부세
포의 DNA가 손상되어도 복구가 안 되어 피부암이 잘 생
기는 질병이다. 이 유전자의 위치는 9q22.3이고 그 코드는
다음과 같다.

AAGCTTGATGGAGTTGGATTTTTGGATTCACCTGAAT
AGCACCACTGAAAAGATGACTTT…중략…TTGTACGAGT
CTGATCATGTTTTCTGTACTCTTGGGGCCTCTATTGTGGG
ACTTAACATTAGTCTAGA

태양의 자외선에 파괴된 세포를 회복시키는 유전자 결
손 수복 유전자 ERCC3(Excision Repair Cross-Complemen
ting)은 2번 염색체(2q21)에 있으며, ERCC2는 19번 염색체
(19q13.2)에 있다.

〈자율신경실조증〉

교감신경과 부교감신경의 균형이 잘 유지되지 않아서
생기는 여러 가지 증상으로 통증에 무감각하고 눈물이 적고
혈관운동의 조절부전 기관지폐렴, 연하곤란, 반사저하 등 신
경장해나 자율신경 기능의 이상을 보이는 선천성증후군에
관계하는 유전자가 있다. 이 유전자는 도파민-베타-히드로키
시라제를 만든다. 위치는 9q34이고 그 코드는 다음과 같다.

TCAGTCGCTGGGCCAGCCTGCCCGGCCCCAGCATGC
GGGAGGCAGCCTTCATGTACAGCA…중략…TCTGTAAAA
CCAGGCTGATGCCGTGCGGGCTAATGAGCCAATAAAGCT
CACACTTGGGCTGGC

10번 염색체

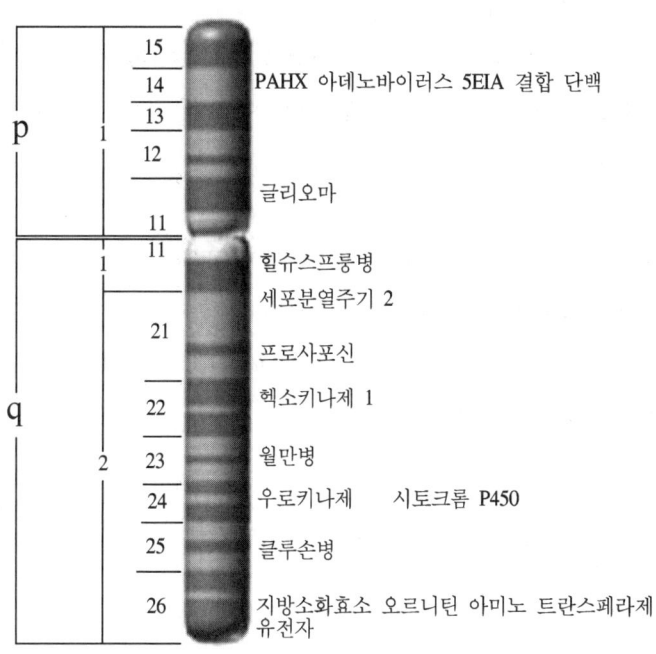

p	1	15	
		14	PAHX 아데노바이러스 5EIA 결합 단백
		13	
		12	
		11	글리오마
q	1	11	힐슈스프룽병 세포분열주기 2
		21	프로사포신
		22	헥소키나제 1
	2	23	월만병
		24	우로키나제 시토크롬 P450
		25	클루손병
		26	지방소화효소 오르니틴 아미노 트란스페라제 유전자

10번 염색체의 크기는 144Mb이다. 10번 염색체는 모두
298개의 유전자가 발견되었다. 10번 염색체에는 다발성 내
분비 종양증 2형과 관련된 유전자 MEN2A가 있다. 이 유

전자의 이상은 뇌하수체, 갑상선, 부갑상선, 부신 등의 내
분비기관에 다발적으로 종양을 만든다.

또 10번 염색체에 있는 OAT 유전자의 이상은 눈의 망
막과 맥락막에 위축을 가져온다. RET 유전자는 10q11.2에
있는데 이것이 결손되면 다발성내분비선종증 2A형, 2B형
갑상선수양암, 힐슈스푸릉병 등이 일어난다.

〈지방소화효소 유전자〉

췌장에서 분비되는 지방소화효소 리파제(lipase)의 유전
자가 10q26.1에 있다. 이 유전자에 이상이 생기면 지방의
소화가 잘 안된다.

GGAACTGCCACGATGCTGCCACTTTGGACTCTTTCAC
TGCTGCTGGGAGCAGTAGCAGGA…중략…TGTTAGGAGA
CTACTGTTATTTGACCAATGAATTGACTTCTAATAAAATC
TAGTGGTGATGCAAAAA

11번 염색체

11번 염색체의 크기는 10번과 마찬가지로 144Mb이다.
11번 염색체에서는 모두 537개의 유전자가 발견되었다. 11
번 염색체(11p13)에는 윌름 종양(WT 1 : Wilm's Tumor)과
관련된 유전자가 있다. 그리고 당뇨병을 일으키는 인슐린
을 만드는 유전자가 있다. 인슐린은 혈중의 포도당을 조절

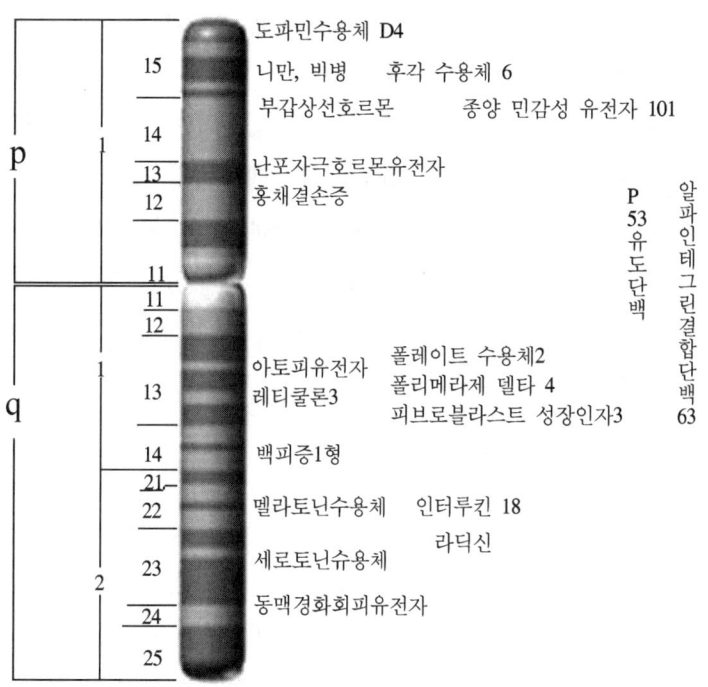

도파민수용체 D4
15　니만, 빅병　후각 수용체 6
부갑상선호르몬　종양 민감성 유전자 101
14
13　난포자극호르몬유전자
12　홍채결손증

P 53 유도단백

알파인테그린결합단백 63

11
11
12
아토피유전자　플레이트 수용체2
13　레티쿨론3　폴리메라제 델타 4
피브로블라스트 성장인자3
14　백피증1형
21–
22　멜라토닌수용체　인터루킨 18
라딕신
23　세로토닌슈용체
동맥경화회피유전자
24
25

p
q

하는 단백질이다.

　11번 염색체에는 신경전달물질인 도파민의 수용체 중 제4형 유전자(D4DR)가 존재한다. 이 유전자는 탐구성, 창조성, 스릴을 좋아하는 성격과 완고하고 신중한 성격을 일부 결정한다고 미국 국립 보건원의 벤자민 박사가 주장했다.

　제4형 유전자에는 염기의 반복배열이 있다. 특히 3번 엑손의 반복배열이 길면 창조성, 탐구성이 높고 스릴을 추구한다. 반대로 짧으면 완고하고 융통성이 없는 성격이 된다는 것이다.

H-ras 암유전자는 11번 염색체에 위치하며 점 12와 점 61의 돌연변이에 의해 활성화되어 암유전자가 된다. 이 H-ras 점 돌연변이에 의해 발생한 암유전자는 주로 방광암에서 빈번히 발견되며, 폐암, 색소세포종양 등에서도 발생한다. 간세포 증식 인자(HGF : Hepatocyte Growth Factor)는 상피세포의 증식, 이동, 형태형성을 유도하는 다기능의 작용을 한다. HGF 수용체는 c-met(7q) 유전자가 만드는 세포막 관통 티로신 키나제이다.

12번 염색체

12번 염색체의 크기는 143Mb이다. 12번 염색체는 모두 477개의 유전자가 발견되었다. 12번 염색체에는 페닐케톤뇨증(phenylketonuria)에 관여하는 유전자가 있다. 페닐케톤뇨증은 필수 아미노산인 페닐알라닌을 산화시키는 페닐알라닌하이드록실라아제라는 효소가 없어 혈중에 페닐알라닌이 증가하고 오줌 중에 페닐케톤인 페닐피루브산이 배출되는 병으로 지능발달이 지연된다. 그리고 유산탈수효소B의 자리는 12번 염색체의 짧은 팔에 있다.

또 12번 염색체에 있는 PXR1 유전자의 이상은 젤버거(Zellwerger) 증후군을 일으키며 정상유전자를 이식해 교정할 수 있다. 젤버거증후군은 과산화수소수를 만드는 옥시다제와 그것을 분해하는 카탈라제가 든 페르옥시솜(peroxisome)이라는 세포소기관을 형성하는 단백질 인자의

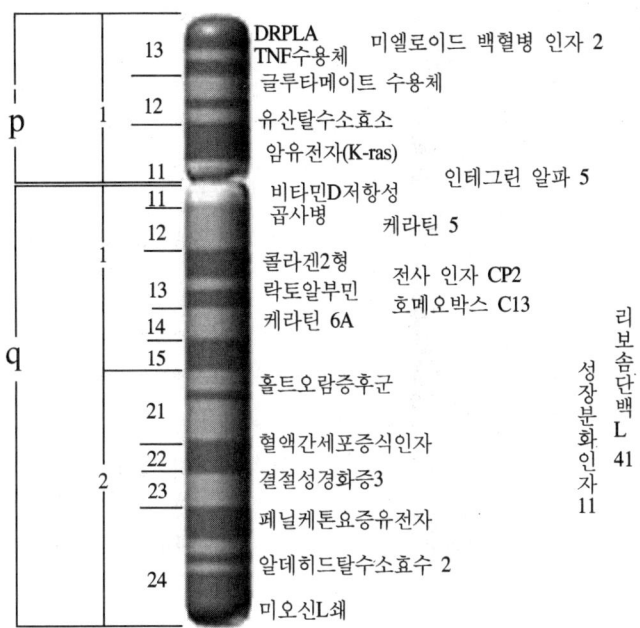

유전자 결손에 의해 일어나는 질환으로 환자는 중증 신경 증상을 보이며 유아기에 사망한다.

과학자들은 알츠하이머병이 빈번하게 일어나는 가족들의 DNA를 일일이 검사하여 통계적으로 분석한 결과 12번 염색체 중앙에 알츠하이머 유전자가 위치할 것으로 추측하고 있다.

13번 염색체

13번 염색체의 크기는 114Mb로 약 1억개의 염기로 구

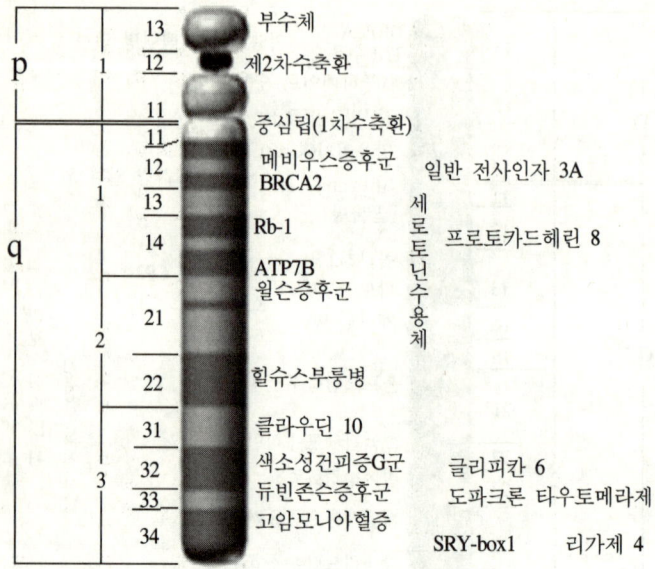

성된다. 13번 염색체에서는 모두 156개의 유전자가 발견되었다. 13번 염색체는 제1차 수축환인 중심립 말고도 제 2차 수축환(secondary constriction)이라는 것이 있다. 그 위에는 부수체가 있는데 이것은 큰 리보솜 RNA에 대한 유전자를 가지고 있다.

13번 염색체에는 암억제 유전자가 존재한다는 것이 1987년 와인버그 팀에 의해 알려졌다. 이 유전자가 결손되면 망막아세포종이라는 암이 잘 발생한다.

13번 염색체에는 망막아세포종과 관련 있는 유전자가 있다. 이 유전자의 크기는 200Kb이고 27개의 엑손으로 구성되어 있다. mRNA 길이는 4.7Kb로 928개의 아미노산을 코딩한다. 그리고 13번 염색체가 하나 더 많으면 파타우

(Patau) 증후군이라는 병에 걸린다.

14번 염색체

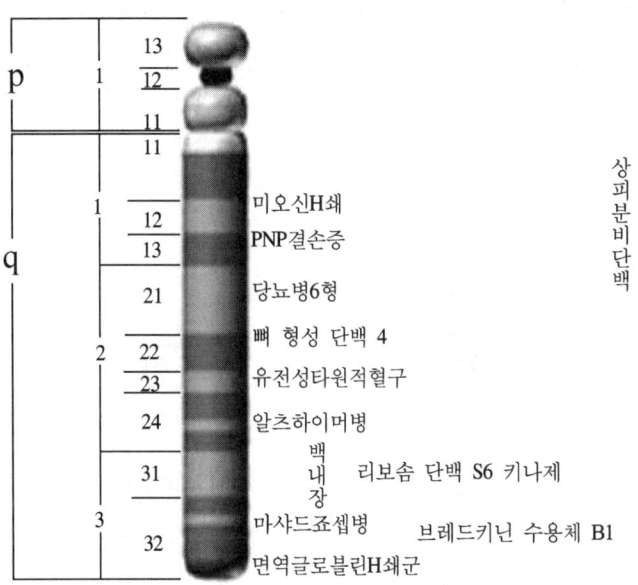

14번 염색체의 크기는 109Mb이다. 14번 염색체는 모두 287개의 유전자가 발견되었다. 14번도 13번 염색체와 같이 제2차 수축환과 부수체를 가진다. 14번 염색체에는 사람을 빨리 늙게 하는 조로 유전자가 있다.

〈알츠하이머병〉

알츠하이머병은 특히 14q24.3에 있는 프리세닐린

(presenilin) – 1이라는 세포내 단백질 수송에 관여하는 물질의 유전자 이상이 약 70%를 점유한다.

GAATTCGGCACGAGGGAAATGCTGTTTGCTCGAAGA
CGTCTCAGGGCGCAGGTGCCTTG…중략…TGAGATGTAT
GCCCAAAGCGGTAGAATTAAAGAAGAGTAAAATGGCTG
TTGAAGC

15번 염색체

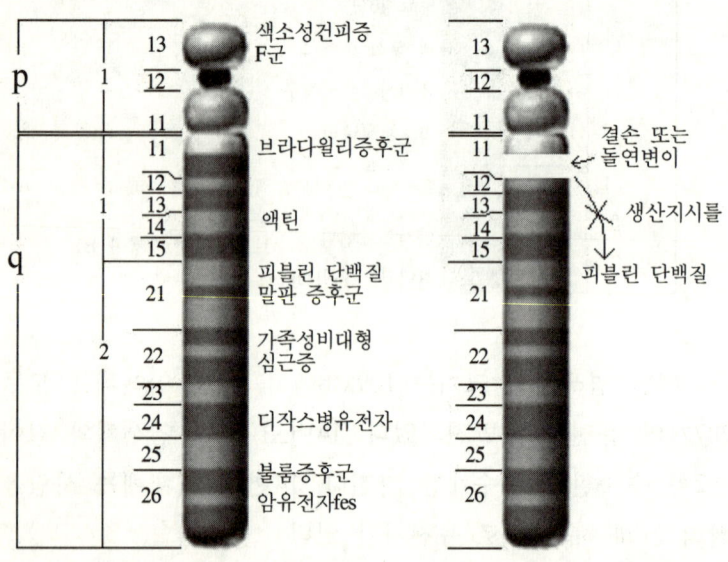

15번 염색체의 크기는 106Mb 이다. 15번 염색체는 모두 240개의 유전자가 발견되었다. 15번 염색체의 긴팔(15q)

에 존재하는 어떤 유전자에 문제가 있으면 말판(marfan) 증후군이라는 질병이 생긴다. 말판(marfan) 증후군은, 골격, 폐, 눈, 심장이나 혈관 등의 많은 기관에 증상이 나타나는 결합조직 질환이다. 그 75%가 유전으로부터 오고, 25%는 자발적(돌연변이)으로 생긴다.

발생빈도는 5천명 중에 1명 정도이다. 우리 몸의 결합조직(몸의 접착제)에는 매우 가느다란 섬유가 있다. 이 유전자는 이 섬유를 만드는 피블린이라는 단백질의 생산을 콘트롤한다. 피블린 단백질에 대한 유전자는 15번 염색체의 q팔 21.1에 존재한다. 즉 이 유전자 발현을 조절하는 조절 유전자에 문제가 생겨서 피블린 단백질을 만들 수 없고 그래서 결합조직이 튼튼하게 되지 못해 병이 오는 것이다.

또 발달이 지체되고 동작이나 평형감각이 이상하고 집중력이 없고 바로 흥분하며 언어장애를 보이는 안젤만(Angelman) 증후군은 15번 염색체의 q팔(15q11-13) 결실로 오는 병이다.

16번 염색체

16번 염색체의 크기는 98Mb이다. 16번 염색체는 모두 319개의 유전자가 발견되었다. 16번 염색체에는 간장, 췌장, 비장 등에 낭포가 형성되는 낭포신이라는 병과 관계되는 유전자가 있다. 16번 p팔의 알파글로빈 유전자 근처에 이 유전자가 존재하는 것으로 생각된다. 콩팥에 물집이 생

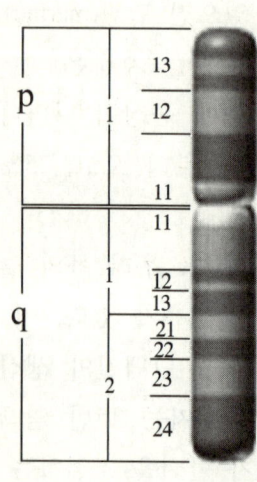

헤모글로빈알파글로빈쇄
다발성낭포신(PKD)
가족성 지중해 열
리들(Liddle)증후군
바텐(Batten)병
블라우(Blau) 증후군

타운스-브록(Towns-Brocks)증후군
크롱(Crohn)병
가족성 실린드로마토시스(Cylindromatosis)
동맥경화회피유전자(HDL)
카드헤린E
알도라제(Aldolase) A결손증
고 티로신혈증2형
APRT 결손증
무코 다당증 4A
판코니(Fanconi) 빈혈증

기는 상염색체 우성 다발성 낭포신(PKD ; Polycystic Kidney Disease)의 유형은 3가지가 있다. PKD-1(1형), PKD-2(2형), PKD-3(3형)이 그것이다. PKD-1의 유전자는 16번 염색체에 위치해 있다는 것이 알려졌다.

이외에도 가족성 지중해 열, 리들(Liddle) 증후군, 바텐(Batten)병 크롱(Crohn)병, 알도라제(Aldolase) A 결손증, 타운스-브록(Towns-Brocks) 증후군, 실린드로마토시스 (Cylindromatosis ; Turban tumour)에 관여하는 유전자들이 있다.

그리고 스위스 소아과 의사 판코니(Fanconi)에 의해 보고된

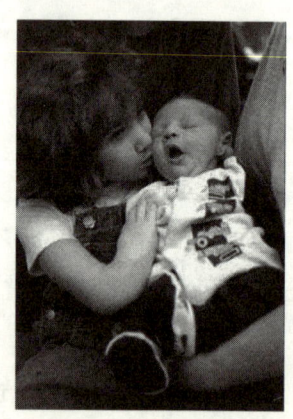

판코니 빈혈증의 몰리

선천적으로 골격의 기형과 혈구 감소를 가져오는 판코니 빈혈 유전자가 있다. 지난 2000년 10월에 판코니 빈혈증을 앓고 있는 6살 소녀 몰리는 부모의 생식세포를 체외수정시켜 얻은 수정란들을 유전자 검사를 통해 골라내어 건강한 유전자를 가진 동생 아담을 탄생시켰다. 그리고 아담으로부터 건강한 세포를 얻어 몰리에게 주입함으로써 판코니 빈혈증 치료를 받았다.

〈동맥경화 회피 유전자〉

요즘에 신체 각부의 정밀검사 결과 콜레스테롤이 높다고 나오는 사람이 많다. 콜레스테롤 중에는 이로운 것과 해로운 것이 있다. 이로운 것은 고밀도 리포단백질이라고 부르며 HDL이라고 한다. 16q21에 있는 동맥경화회피 유전자에 이상이 생기면 콜레스테롤 수송 단백질이 생성되지 않고 HDL 값이 높게 나타난다.

GTGAATCTCTGGGGCCAGGAAGACCCTGCTGCCCGG
AAGAGCCTCATGTTCCGTGGGGGCTGGG…중략…TGGAG
ATTGGCTCCCAACTCCTCCCTATCCTAAAGGCCCACTGGC
ATTAAAGTGCTGTATCC

17번 염색체

17번 염색체의 크기는 92Mb이다. 17번 염색체는 모두

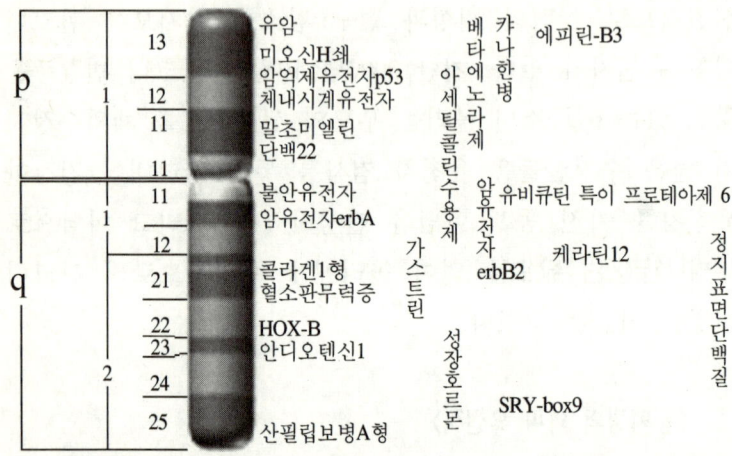

521개의 유전자가 발견되었다. 17번 염색체(17p13.1)의 p53 암억제 유전자와 18번 염색체의 DCC 암억제 유전자가 파괴되면 대장암이 된다고 추측되고 있다.

p53 유전자의 결손은 세포의 G1 휴지기에 DNA 수리를 하지 못해 암세포로 변하게 된다. 특히 리-프라우메니 (Li-Fraumeni) 증후군이라는 다발성 암에 걸린다. p53 유전자는 세포의 DNA를 감시하면서 DNA가 너무 많이 훼손되어 복구가 불가능하면 세포자살 명령을 내려 세포가 암세포로 변하는 것을 사전에 차단한다.

17번 염색체에는 뼈를 만드는 콜라겐 1형 단백질을 만드는 유전자가 있다. 이 유전자에 문제가 생기면 골형성 부전증에 걸린다.

또 17번 염색체에는 신경섬유종증 1형(NF 1 ; Neurofib roma tosis 1)이라는 병과 관계 있는 유전자가 있다. 이 유

전자는 17q11.2에 있고 크기는 350Kb이고 49개 엑손으로
이루어졌다. 이 병은 신경조직의 분화 증식에 이상을 일으
키는 병이다.

18번 염색체

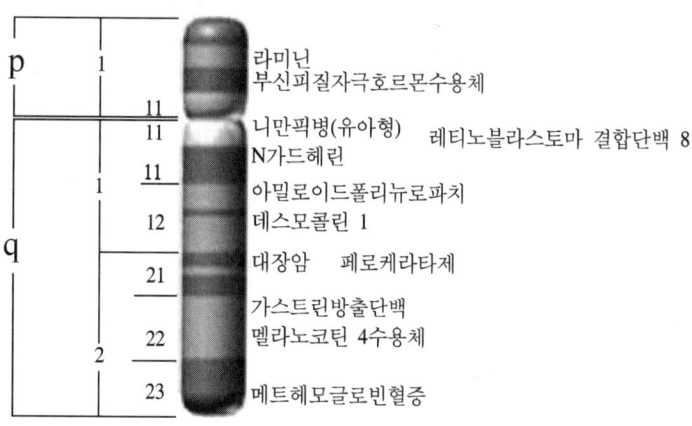

p   1
     11
     11
     11
     1
     12
q
     21
     22
     2
     23

라미닌
부신피질자극호르몬수용체
니만픽병(유아형)   레티노블라스토마 결합단백 8
N가드헤린
아밀로이드폴리뉴로파치
데스모콜린 1
대장암   페로케라타제
가스트린방출단백
멜라노코틴 4수용체
메트헤모글로빈혈증

　　18번 염색체의 크기는 85Mb이다. 18번 염색체는 모두
144개의 유전자가 발견되었다. 18번 염색체에 있는 DPC4
유전자가 결손되면 췌장암을 악성화해 주변 조직을 침범하
게 만든다. 18번 염색체가 하나 더 많으면 에드워드
(Edward) 증후군이라는 병이 생긴다.

〈아밀로이드 폴리뉴로파치 유전자〉
　아밀로이드 폴리뉴로파치(amyloid polyneuropathy)라는

질병은 아밀로이드라는 섬유상의 댄백질이 말초신경에 침착해서 말초신경 장해를 일으키는 병이다. 이 유전자에 이상이 생기면 30대 전후에 보행 곤란이나 근위축이 시작된다. 이 유전자의 위치는 18q11.2-q12.1이다.

ACAGAAGTCCACTCATTCTTGGCAGGATGGCTTCTCA
TCGTCTGCTCCTCCT…중략…TTTTCACCTCATATGCTATG
TTAGAAGTCCAGGCAGAGACAATAAAACATTCCTGTGAA
AGGC

19번 염색체

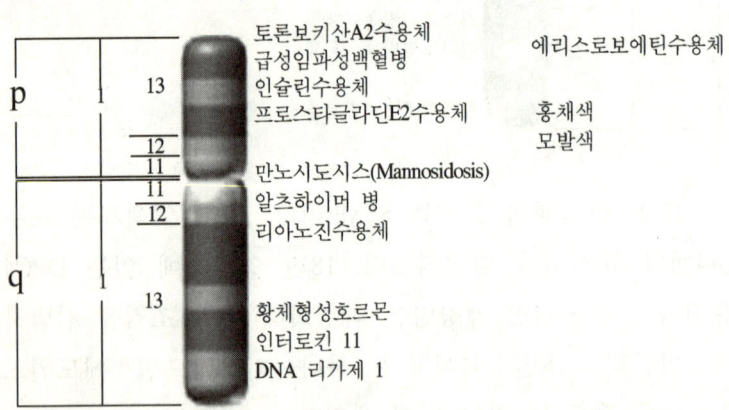

토론보키산A2수용체
급성임파성백혈병
인슐린수용체
프로스타글라딘E2수용체

만노시도시스(Mannosidosis)
알츠하이머 병
리아노진수용체

황체형성호르몬
인터로킨 11
DNA 리가제 1

에리스로보에틴수용체

홍채색
모발색

p 13

12
11
11
12

q 13

19번 염색체의 크기는 67Mb이다. 19번 염색체에는 모두 577개의 유전자가 발견되었다. 19번 염색체에는 근 긴장성 이 영양증이라는 병과 관계된 유전자가 있다.(19q13)

또 19번 염색체의 아포이(ApoE)4 단백질 4형 유전자가 알츠하이머 치매 발생을 3배 이상 높인다.

〈눈색깔 유전자〉

눈동자인 홍채의 색을 결정하는 유전자는 2개가 있다. 19p13.1와 19q13.11에 있는 녹색 우성이고 청색 열성인 유전자가 그것이다.

〈황체형성 호르몬〉

황체형성 호르몬은 난소자극 호르몬과 함께 뇌하수체 전엽에서 분비되어 여성 생리에서 배란과 황체형성에 관여한다. 이 호르몬들은 남성에서는 황체형성 호르몬이 남성 호르몬 분비를 난소자극 호르몬은 정자 형성을 촉진한다. 이 호르몬을 만드는 유전자의 위치는 19q13.32이고 그 코드는 다음과 같다.

AAGGGAGAGGTGGGGCTCGGGCTTAATCCCTCCTTG
GGGGGCATCTGGGTCAAGTGGC…중략…CCTGACACCCC
GATCCTCCCACAATAAAGGCTTCTCAATCCGCACTCTGGC
AGTATC

20번 염색체

20번 염색체의 크기는 72Mb이다. 20번 염색체에는 모

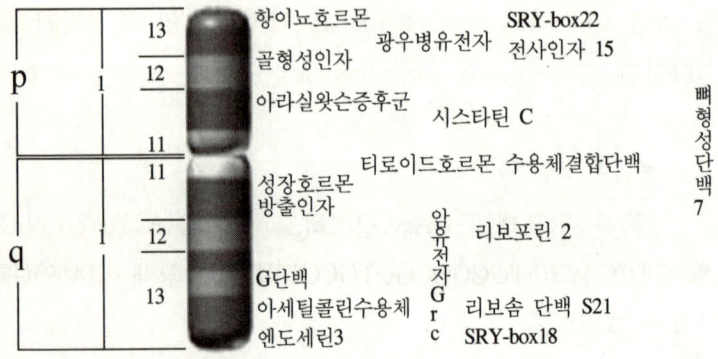

두 257개의 유전자가 발견되었다. 20번 염색체에는 부갑상선질환 유전자가 있다.

〈항이뇨호르몬 유전자〉

바소프레신(vasopressin)이나 혈압상승 호르몬에 대한 유전자가 20p13에 있다. 이 호르몬은 신장의 요세관에서 수분 흡수가 잘 되도록하여 이뇨작용을 억제한다. 그리고 모세혈관을 수축시켜 혈압을 상승시킨다.

GATCCCCTGCACAGACAGGCCCACGTGTGTCCCCAG
ATGCCTGAATCACTGCTGACCGCTGGGG…중략…CAGAT
CCACCCCAGAGAAGCAACAGGTCCCGTAGAGGAAGCGA
TCTGGGACCCGCAGAGGT

〈뼈 유전자〉

뼈 형성인자라고 부르는 단백질이 있다. 이 단백질을

근육내에 주입하면 연골이 만들어진다. 다음에 연골에 모
세혈관이 들어오고 연골이 뼈와 골수가 된다. 이 단백질의
유전자는 20p12에 있다.

GGGGACTTCTTGAACTTGCAGGGAGAATAACTTGCG
CACCCCACTTTGCGCCGGTGCCTTTGC…중략…CATGGTT
GTGGAGGGTTGTGGGTGTCGCTAGTACAGCAAAATTAAA
TACATAAATATATATATA

21번 염색체

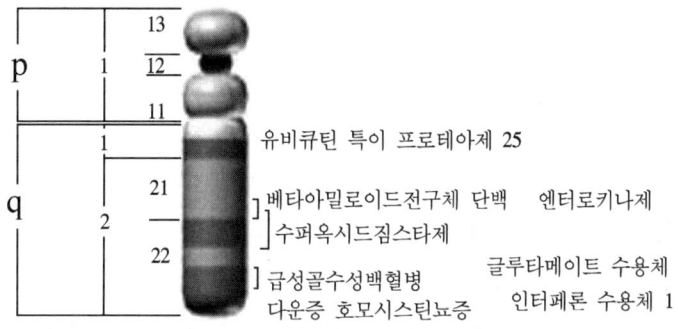

21번 염색체는 가장 작은 염색체로 염색체의 크기는
50Mb로 전체의 1.5%에 해당하는 약 5천만개의 염기가 배열
된 비교적 작은 염색체지만 225개의 유전자를 가지고 있다.
　21번 염색체도 중심립이 한쪽으로 많이 치우친 아크로
센트릭이다. 21번 염색체에는 알츠하이머병과 급성 골수성

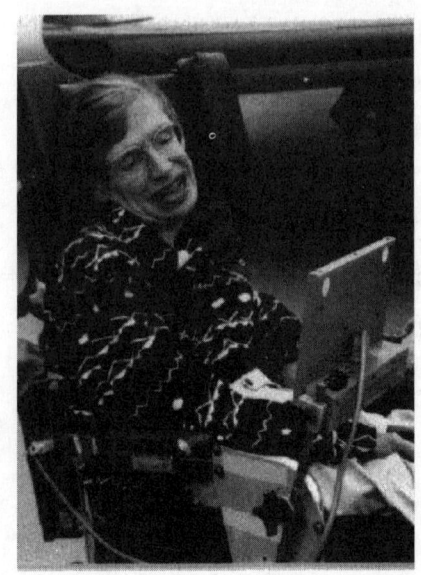

일명 루게릭병을 앓는 호킹 박사

백혈병 외에도 영국의 물리학자 스티븐 호킹 박사가 앓고 있는 근위축성 측색(側索)경화증 등 난치병 유전자가 있다.

특히 알츠하이머병과 밀접한 관련이 있는 아밀로이드 전구체(前驅體) 단백질(APP)의 유전자도 있다.

현재까지 알츠하이머병의 확진은 뇌조직의 신경병리학적 확인 없이는 불가능하다. 육안으로 뇌피질의 전반적인 위축이 있으며 특히 전두엽-측두엽의 변화가 생긴다. 뇌조직을 현미경으로 관찰하면 노인반 형성, 신경섬유원 엉김, 선택적 신경세포 손실, 신경섬유 변화 등을 볼 수 있다. 대부분의 노인반은 아밀로이드라는 단백질을 포함하고 있는데 아밀로이드는 본 질환의 원인에서 매우 중요한 내용의 하나로, 베타-아밀로이드 단백질은 유전자 21번 염색체에 의해 결정되며, 뇌의 퇴행성 변화의 주요 원인으로 연구되고 있으나 아직까지 왜 이 질환이 생기는지 그 정확한 발생 기전은 잘 모르는 상태이다.

21번 염색체가 1개 더 많아 3개가 되면, 다운증후군이

나타난다. 이병은 1866년 영국의 의사 다운(J. Langdon Down)이 발견한 것으로 눈이 작고 약간 처지며, 코는 납작하고 귀가 아래로 처진 모습을 보이며, 인종에 관계없이 신생아 7백 명당 1명 꼴의 높은 빈도로 나타난다. 정신박약을 동반하고 선천성 심장병, 십이지장 협착증 등을 수반하기도 하다. 원인은 부모 가운데 어느 한 쪽이 염색체 이상으로 인한 다운증후군 보인자일 경우에 발병할 수 있고, 정상적인 부부 사이에서도 임신부의 나이가 고령이면 세포 분열의 비분리 현상으로 발생될 수 있다.

〈노화방지 유전자〉

우리 몸 안에서는 활성산소라는 것이 생기며 이것은 매우 불안정한 물질로 세포에 손상을 입힌다. 활성산소가 과잉이 되면 생체조직이나 세포가 죽어서 염증이나 심장병, 암, 노화를 초래한다. 이 유전자는 활성산소를 제거하는 항산화효소(SOD ; SuperOxide Dismutase)를 만든다. 이 효소는 21번 염색체의 21q22.1에 있다. 다음은 그 코드이다.

CTGCAGCGTCTGGGGTTTCCGTTGCAGTCCTCGGAAC
CAGGACCTCGGCGTGGCCTAGCGAGT…중략…CCTGTGA
ATAAAAACCCTGTATGGCACTTATTATGAGGCTATTAAA
AGAATCCAAATTC

22번 염색체

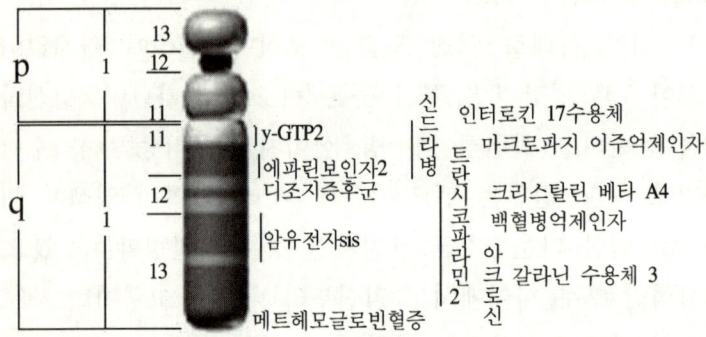

22번 염색체의 크기는 56Mb이다. 1999년 12월 6일 22 번 염색체의 유전자 지도가 영국 생거센터, 미국 오클라호 마대학, 일본 게이오대학 연구자들의 공동작업으로 완성되 었다. 22번 염색체에는 545개의 기능 유전자가 들어 있으 며, 의사 유전자 134개가 들어 있다.

이들 유전자는 면역계에 관한 것, 심장병, 정신기능장 애, 백혈병 등과 연관이 있다. 그리고 22번 염색체의 22q11.2에 있는 유전자의 결실로 생기는 디조지 증후군이 라는 질병이 있다. 1965년 디조지(DiGeorge)가 흉선 및 부 갑상선이 없는 아이를 조사하면서 심장기형, 안면기형 면 역력 저하 등의 증세를 디조지 증후군이라고 이름지었다.

〈미오글로빈〉

적혈구에는 헤모글로빈이라는 분자가 많이 들어 있어

서 폐에서 산소를 받아들여 온몸으로 운반한다. 근육세포
에서는 미오글로빈(myoglobin) 분자가 철이온과 결합하여
산소를 저장해 두었다가 급격한 운동으로 에너지가 필요할
때 사용한다. 22번 염색체의 22q11.2-q13에는 이 미오글로
빈 유전자가 있다. 다음은 그 유전자 코드의 일부이다.

CCTCTGACCCTTTG…중략…ACGGGAGGAAGGAAG
TGGGCGCCGG

그리고 22번 염색체에는 눈의 맑은 수정체를 만드는
크리스탈린 단백질 유전자 CRYBB3(Crystallin Beta B3)
(22q11.23)가 있다.

X 염색체

성염색체인 X 염색체의 크기는164Mb이다. X 염색체는
모두 371개의 유전자가 발견되었다. 여자는 남자의 세포에
비하여 X 염색체를 두 배나 가지고 있으므로 이 염색체 모
두가 남성에 비하여 두 배나 많은 기능을 수행한다면 생리
적 불균형이 초래될 수 있다. 이 문제는 배 발생 단계에서
생식세포를 제외한 모든 세포의 두 X 염색체 중 하나를 영
원히 불활성화시킴으로써 해결한다.

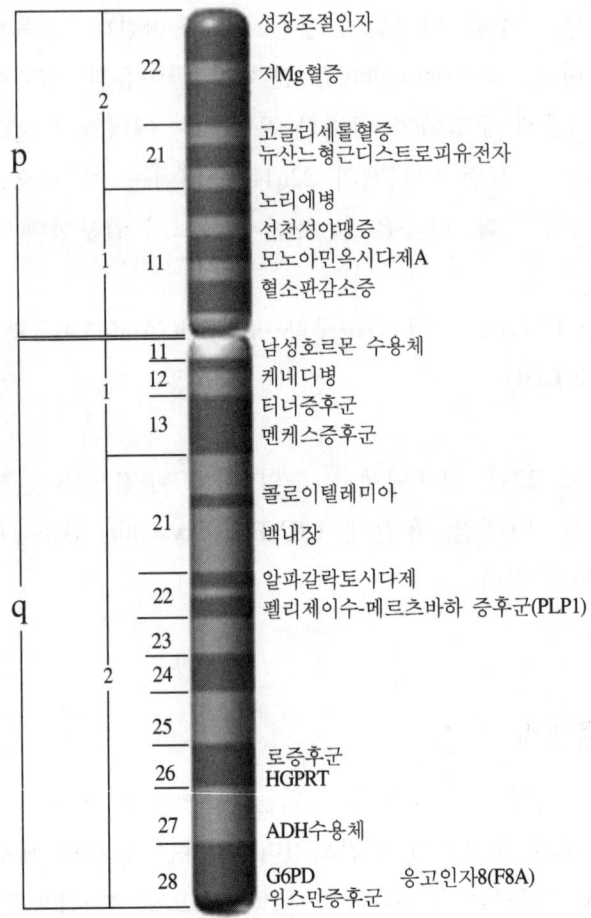

대개 수정 후 6일쯤이 지난 배아세포 내의 두 X 염색
체 중 하나가 임의적으로 응축되어 불활성화된다. 즉, 아버
지나 어머니로부터 온 것 중에서 어느 것이 불활성화되는
가는 우연에 의하여 결정된다. 응집된 X 염색체는 기능은
불활성화된 상태이지만 정상적으로 복제되어 모세포에서

초기의 배아세포

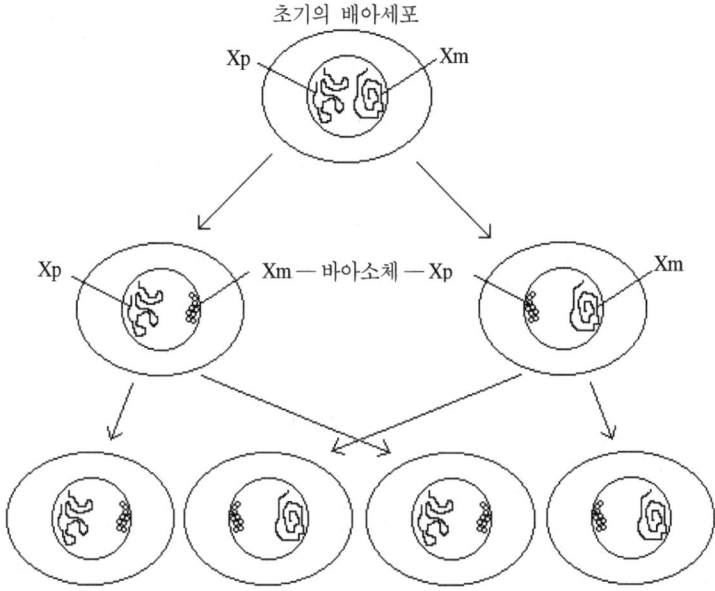

Xp   Xm

Xp   Xm — 바아소체 — Xp   Xm

딸세포로 전달된다. 불활성화된 X 염색체는 세포분열 간기
의 핵의 핵막에 부착된 이질염색질의 덩어리로 보이며 이
를 바아소체(Barr body)라고 한다.

　이처럼 여성의 몸은 아버지쪽의 X 염색체가 활성화된
세포와 어머니쪽의 X 염색체가 활성화된 세포가 뒤섞인 모
자이크가 되는 것이다. 이와 같은 X 염색체의 특이한 행동
을 영국의 유전학자 라이온(Mary Lyon)이 1962년 처음 관
찰하였기 때문에 이를 라이온효과(Lyon effect)라고 부른다.

　성염색체라고 하지만 X 염색체에는 성과 직접 관련이
없는 여러 유전자가 존재한다. 우선 남성호르몬의 수용체
유전자 AR(Androgen Receptor)이 X 염색체의 긴팔(Xq11.2

-q12)에 있으며, 신경섬유의 절연체인 미엘린 수초를 못 만드는 펠리제우스-메르츠바하(Pelizaeus-Merzbacher)병의 원인이 되는 PLP1 유전자가 X 염색체(Xq22)에 있다.

혈우병 A의 유전자는 X 염색체에 존재한다. 혈우병 A의 유전자는 18만 6천개의 염기쌍으로 구성된 매우 큰 유전자이며 매우 다양한 유전자 변이를 보인다. 따라서 검사방법도 복잡하므로 특정 개인의 특정 유전자 변이를 확인한다는 것은 임상적으로 거의 불가능하다.

그리고 남자 아이에게 생기는 근디스트로피(muscle dystrophy)라는 질병이 있다. 이 질병은 골격근의 신진대사가 잘 이루어지지 않아 근육의 영양실조로 근육의 진행성 위축과 근력저하가 나타난다. 증상이 나타나는 것은 팔다리보다 몸통이나 어깨, 허리에서 나타난다. 이러한 근디스트로피의 대표가 듀샨느(Duchenne)형 근디스트로피(DMD)이다.

이 병은 X 염색체의 짧은 팔 21영역에 존재하는 DMD 유전자의 이상으로 발병한다. 이 유전자가 관여하는 근육의 세포막에 있는 단백질의 이상으로 전신의 골격근과 심장근육이 변성, 괴사한다. 신생 남아 5천명에 한 명의 비율로 발병하고 30세 이전에 사망하는 무서운 병이다. 다음은 근디스트로피 유전자 코드이다.

GGGATTCCCTCACTTTCCCCCTACAGGACTCAGATCT
GGGAGGCAATTACCTTCGGAG…중략…TTACTATTGTATT

ATAGTACTGCTTTACTGTGTATCTCAATAAAGCACGCAGT
TATGTTAC

　　그리고 X 염색체에도 저신장의 원인유전자가 있으며 사회성을 결정하는 유전자도 있다. 1938년 터너(H. H. Turner)가 발견한 성염색 이상으로 생긴 터너 증후군은 X 염색체가 하나뿐이여서 외형은 여성이지만 내부성기의 발육이 나쁘고, 월경도 없으며, 키도 작은 증세를 보인다.

Y 염색체

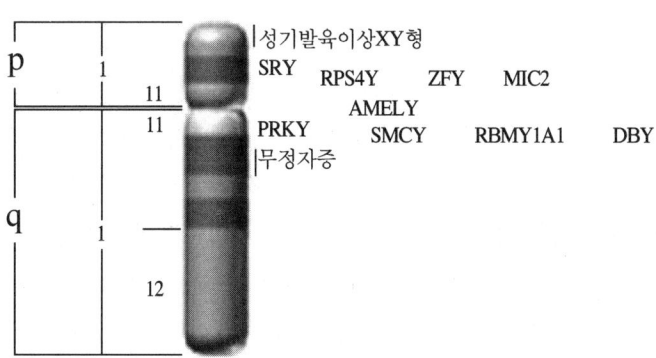

　　Y 염색체의 크기는 59Mb로 약 5천 3백만개의 염기로 구성된 남성을 만드는 독특한 염색체이다. 이 Y 염색체에서는 모두 21개의 유전자가 발견되었다. 이형의 Y 염색체(또는 W)는 일반적으로 동형의 X 염색체(또는 Z)보다 작으

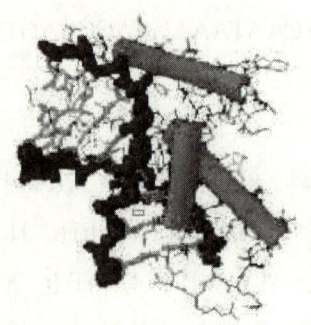

DNA와 SRY단백질 결합

며 복제를 늦게 한다.

그리고 거의 모든 부위가 유전자 발현이 되지 않는 이질 염색질로 이루어져 있다. 1968년 헤스(O. Hess)와 메이어(G. Meyer)가 각종 초파리에 대해 Y 염색체의 구조를 광범위하게 연구함으로써 Y 염색체가 정자의 발생 시기의 특정 단계를 지배하는 유전자를 가지고 있다는 것을 밝혔다.

그 유전자의 하나가 SRY(Sex Determining region Y) 유전자로 Y 염색체의 짧은팔(Yp11.3)에 있다. 다음 그림은 SRY가 만든 단백질이 DNA에 달라붙어 DNA를 비틀어서 유전자발현을 조절하는 모습을 그린 것이다. 이렇게 해서 SRY는 고환의 발달을 조절한다. 엄마 뱃속에서 자라는 태아의 원시생식선은 그대로 두면 난소가 된다. 하지만 임신 8주부터 Y염색체에 있는 SRY 유전자가 난소가 되는 것을 막고 고환으로 만든다. 이 유전자에 문제가 생기면 XY 염색체라도 여성의 몸이 되어버린다. SRY는 1990년 싱클레어(Sinclair)가 클로닝하여 염기배열이 결정되었다. 대부분의 포유류의 수컷에도 유사한 유전자가 있음을 알게 되었다. 다음은 SRY의 염기배열이다.(mRNA)

GTCGGGAGCTGTGACTAATGAGAATTAAAGGCCATG

GATGAAGATGAATTTGAATTGCAGC…중략…AGCAACAA
GCAAGTTGCTTATAATAAAATAATTTGTGATTCTATACTG
AA

    그리고 Y 염색체의 긴팔(Yq11)에는 정자를 만드는 유
전자가 있다. 이 유전자는 성인남성의 정소에서만 발현되
어 정자를 만든다. 무정자증 환자는 이 유전자가 결손되어
있다. 다음은 정자유전자의 염기배열이다.(mRNA)

AGTCGGCCTGCGCTCCTCAGCCTGGCGGTTCTACCTC
CGAGGGTTCGCCCGCCCTTGGTTTTC…중략…TGAACAGT
ACAATATTTCAGTATTGAGCTTTGCATTTATGATTTATC

    사람의 물갈퀴손가락(指趾癒着症)이라는 손이나 발가락
의 기형은 Y 염색체에 있는 유전자에 의한 것이며, 남자에
게만 나타나는 한성유전(sex-limited inheritance)이다. 한성유
전(限性遺傳)이란 어떤 형질이 암수의 어느 한쪽으로만 전
해지는 유전을 말한다. 주로 Y 염색체에 있는 유전자에 의
하여 일어나며, X와 Y에 있는 유전자에 의해서도 일어난다.
    작은 물고기인 구피의 수컷은 항상 검은 반점을 등지
느러미에 가지고 있다. 이것은 Y 염색체에 있는 m이라는
열성유전자에 의하여 유전된다.
    고인류학자들에 의하면 인류초기 사회는 난혼 사회였
고 여기서 모계사회로 발전했다고 한다. 모계사회에서 자

식은 모두 어머니 편이고 남자는 그저 생식의 보조자 역할
을 할 뿐이었다. 따라서 여자의 권한이 막강했고 성씨나
재산 상속도 여성 중심이었다.

지금도 중국의 운남성 북부 오지에는 나족이라는 모계
사회가 있다. 이 사회에서는 아버지의 개념이 없고 말도
없다. 그런데 농경사회가 광범위하게 형성되고 인간의 인
지가 발달하면서 부계사회가 시작된다. 사회의 규모가 커
지고 이웃 부락과 전쟁이 빈번해지면서 근력에서 뛰어난
남자들이 사회의 주도권을 잡아가기 시작한 것이다.

이렇게 부계사회가 시작되면서 오랜 동안 가부장적인
권위 속에 살다보니 우리는 인간이란 무릇 남성이 기본이
라고 생각하게 되었다. 성서에도 하느님이 처음에 아담을
창조하고 아담의 갈비대를 취해 이브를 만든다. 즉 여성은
남성의 보조자에 지나지 않는다는 생각이 성경에도 깃들어
있다. 영어의 'man'은 남자라는 의미와 함께 인간이라는 의
미도 있다. 언어에서도 인간의 기본형은 남성이라고 생각
하는 편견이 배어 있는 것이다. 하지만 인간의 염색체 특
히 성염색체를 살펴보면 인간의 기본형은 여성이라는 사실
을 알 수 있다. 남자야말로 이 기본형을 변형시켜 만든 생
식의 보조자일 뿐이다.

지금이 아무리 남녀평등, 아니 여성상위 시대라고 하
지만, 사실 따지고 보면 남성은 그렇게 강한 존재가 아니
다. 유전자의 입장에서 보면 남성이란 부속물에 지나지 않
는 불쌍한 존재이다.

　　이제까지 우리는 인간 게놈프로젝트가 이룩한 성과를
간단히 살펴보았다. 우리 몸을 만드는 유전자들에 어떤 것
들이 있으며 이들이 어느 염색체의 어디에 있는지 살펴보
았다. 이러한 지식은 우선 의사들이나 생물학자들에게 필
요하겠지만 일반 대중에게도 알아두면 유익할 것으로 생각
하여 아둔한 글로나마 소개하였다. 부족하고 보다 자세한
정보를 전하지 못한 것은 필자의 무능과 게으름 때문이다.
독자 여러분께 앞으로 좋은 정보를 입수하는대로 보완할
것을 약속하는 바이다.

　　아무튼 인간의 게놈이 모두 해독됨으로 해서 향후의
연구 방향은 크게 다음 두 가지로 나누어 진행된다. 먼저
게놈 내의 유전자들이 어디서 어떤 단백질을 만들며, 그
단백질의 구조와 기능을 연구하는 게놈 기능학(Functional
Genomics)과 각 생물들의 게놈을 비교함으로써 좀더 분명
하게 게놈 내의 유전자의 역할을 이해하고 그들이 어떻게
분기해서 진화를 이루어 나아갔는지를 연구하는 게놈 비교
학(Comparative Genomics) 또는 비교유전학 등의 새로운 학
문이 그것이다.

비교유전학

　　게놈프로젝트를 통해 인간의 전체 게놈이 밝혀짐으로써
이제는 다른 생물들과의 전체 게놈 서열들을 비교하여 게놈
의 생물학적 의미를 파악하는 작업이 남았다. 이는 비교유전

학이라고 부르는 새로운 분야가 탄생하는 것을 뜻한다.

진화 생물학자들은 모든 생물체의 유전자를 조사하면 공통된 선조 유전자로 거슬러 올라갈 수 있다고 믿고 있다. 생물 종간의 게놈 비교 분석은 유사성을 찾아내려는 것과 반대로 차이를 찾아 그것이 생물 종간의 진화와 차이를 가져온다는 점을 밝히려는 작업으로 진행된다.

인간 게놈프로젝트가 지난 2001년 2월 11일 완성 공개되었다. 그런데 애초에 생물학자들이 약 10만개라고 예상했던 인간 유전자의 수는 3만개 정도에 지나지 않는다는 것이다. 지렁이 유전자가 17,800개, 파리의 유전자가 13,600개 등 곤충의 유전자가 평균 1만 5천개 정도인데, 곤충보다 매우 복잡한 인간의 유전자가 겨우 그 두 배에 불과한 것이다.

생물학자들은 인간은 곤충에 비해 크고 뇌를 비롯한 매우 복잡한 기관을 가지고 있는 생물이기 때문에 유전자 수가 10만개 정도는 될 것으로 추산한 것이다. 헌데 터무니없게도 인간의 그 고귀한 영혼까지 만들어내는 유전자 수가 겨우 곤충의 두 배에 지나지 않는다니 어이없을 법도 하다.

하지만 유전자 수는 그렇게 중요한 것이 아니다. 생물은 유전자 수와 생체 조직의 복잡성이 비례하지 않을 만큼 비선형적이고 복잡한 정보네트워크의 존재이다. 앞에서도 이야기 한 것처럼 프랙탈 기법으로 얼마든지 작은 유전자 수로도 복잡한 조직을 만드는 것은 가능한 것이다. 문제는 이들 유전자들이 어떻게 상호작용 하는지 밝히는 것이 더욱 중요한 문제이다. 마치 프랙탈 도형에서 기본 요소는 같지만 그것을 구성하는 방법을 약간 달리함으로써 전혀 다른 프랙탈 도형을 만드는 것과 마찬가지이기 때문이다. 예를 들어 다음 코흐곡선과 랜덤 코흐곡선의 그림처럼 구성 요소(유전자)는 갖지만 그것을 결합시키는 방법을 달리함으로써 전혀 다른 분위기의 두 도형이 된 것처럼 작은 정보의 변화로도 그 표현형은 크게 달라질 수 있는 것이다.

　이처럼 유전자와 표현형의 비교는 매우 재미있는 사실을 우리에게 알려줄 것이다.

코흐곡선과 랜덤 코흐곡선

〈오솔로가스 유전자와 파랄로가스 유전자〉

유전자 또는 유전자 산물인 단백질이나 RNA의 구성요소 배열의 유사성은 기능적 유사성을 의미한다. 일반적으로 이것을 상동(homology)이라고 한다. 상동이라는 용어는 원래 계통분류학에서 공통 조상의 동일한 특성을 유전적으로 전해 받은 서로 다른 개체들에서 나타나는 공통 특성을 말한다.

분자진화의 관점에서 호몰로지는 오솔로지(orthology)와 파랄로지(paralogy)로 구별해서 생각할 수 있다.

오솔로지는 종의 분기로 생긴 유전자간의 관련으로 예를 들면 사람의 헤모글로빈 *α* 쇄와 말의 헤모글로빈 *α* 쇄의 유전자는 순계상동유전자인 오솔로가스(orthologous) 유전자이다. 두 생물체에서 상동성을 나타내는 배열로서 공통 조상이 가지고 있던 한 배열의 유전자가 중복을 통하지 않고 직접적으로 후손으로 전해진 경우를 말한다. 즉, 유전정보의 수직적 전달로 생긴 유전자의 유사성을 의미한다. 따라서 생물들의 진화와 종분화를 나타내는 계통도를 만들 때는 오솔로가스 유전자만 비교하여야 한다.

한편 파랄로지는 유전자 중복에 의해 생긴 유전자 사이의 유사성으로 예를 들어 헤모글로빈 *α* 쇄와 헤모글로빈 *β* 쇄 유전자는 파랄로가스(paralogous) 유전자이다. 파랄로가스는 유전정보의 수평적 전달(중복)에 의해 파생된 것을 의미한다.

종 장
인간이란 무엇인가

이런, 이게 바로 나야

요즘 서점에 인간의 정체성에 관한 책이 나오고 있다. 퓰리쳐상을 수상한 '괴델, 에셔, 바흐'의 저자 호프스태터와 인지 과학자인 데넷이 인간의 정체성이 무엇인지 파헤친 책 '이런, 이게 바로 나야'가 그 중에 하나이다.

인류는 머지 않아 인간의 바탕이 되는 인간의 게놈에 대한 비밀을 모두 풀어헤칠 것이다. 그러면 인간을 모두 이해할 수 있을까? 하지만 반대로 인간에 대한 바탕이 알려지면서 인간에 대한 의구심은 더욱 깊어간다. 자신에 대한 막연한 신비로운 기대감을 가지고 있던 인간이 막상 자신이 어떠한 존재인지 알아보았더니 어처구니없게도 실체는 지극히 평범한 것에도 못 미치는 것이라면 얼마나 당혹할까?

필자는 한 때 인공지능을 구현하는 방법에 대해 열심히 골몰한 적이 있다. 그때 얻은 하나의 해답은 인공지능이 가능하기 위해서는 기계가 기계 자신을 인식해야 할 필요가 있다는 것이다. 즉 나 자신이 나를 인식하고 있기 때문에 나는 나와 다른 주변 환경을 인식하고 스스로 자신의 문제를 해결하기 위해 노력한다는 것에서 비롯된 답이다.

　인공지능이 가능하기 위해서는 기계가 더 이상 사람의 명령을 기다리지 않고 스스로 문제 해결에 나설 수 있는 자유의지가 필요하다는 것이다. 물론 그 자유의지는 사람이 통제 가능한 범위로 한정해야 할 것이지만 말이다.

　그래서 필자는 그렇다면 나 자신은 무엇인가? 나 자신이 나를 인식한다는 것은 가능한가? 그리고 가능하다면 어떻게 가능한지에 대해서 탐구해 보았다. 그래서 얻은 해답의 하나는 나의 본질이란 결국 내가 이제까지 살아오면서 겪은 모든 경험의 통합체, 의식적인 경험, 무의식적인 경험, 모든 것의 통합체가 나의 본질이라는 너무도 실망스러운 것이었다. 이것은 지극히 유물론적인 입장이다.

　유물론의 입장에 서면 나와 똑같은 존재가 둘 이상 존재할 수 있다. 내가 둘 이상일 때 우리는 무척 혼란스러워질 것이다. 복제인간의 공포가 그것이다. 지금 인류는 이처럼 변혁의 시대를 살아가는 것이다. 자기 자신의 본질을 알아야 하는 절실한 시대인 것이다.

　과거에 우리는 '너는 누구냐?'라는 물음에 '저는 어느 고을의 누구누구의 자식인데요'라는 대답으로 충분했다. 하지만 네트워크로 다수의 타인을 만나야 하거나 가상현실 속에서 타인과 만나는 미래에서는 이런 촌스런 대답이 통하지 않을 것이다. '너는 누구냐?'라는 질문에 여러분은 어

떤 답을 준비하겠는가? 자신의 DNA 코드?, 아니면 자신의
공개키 암호?(참고로 아무리 유능한 해커라도 알아낼 수
없는 암호방식에 사용되는 비밀번호로 자신을 증명할 때
사용함) 아니면…….

인류가 인간의 정체성을 증명할 방법을 찾지 못한다면
인류 문화가 다음 시대로 진화하는 것은 불가능할 것이다.
이것이 인류의 마지막날인 셈이다.

복제인간 -새로운 무성생식의 시대-

태초의 생명은 빠른 속도로 복제가 가능한 무성생식으
로 번성했다. 그리고 지금도 세균류 들은 이 방법으로 급
격하게 번식한다. 그런데 기생세균의 등장으로 많은 생명
체들이 전염되어 죽어갔다. 이에 대항하는 전략적인 무기
로 유전자의 다양성을 높이기 위해 유성생식이 등장한다.

유성생식은 이 지구상에 다양한 생물을 번성시켰다.
하지만 이제 유전자공학의 발달로 인류는 다시 무성생식의
시대로 가고 있는 것이다. 사실 유성생식은 알맞은 배우자
를 찾아내야 하고 더구나 자신의 유전자는 절반밖에 전할
수 없는 매우 비효율적인 번식방법이라고 앞에서 이미 이
야기했다.

그래서 무성생식으로 다시 전환하는 것은 아니겠지만
아무튼 새 천년의 인류에게는 무성생식이라는 고래의 번식
방법의 길이 열리고 있다. 여러분은 어떤 방법으로 자손을

얻을 것인가? 유성생식으로는 자신의 유전자의 절반밖에 전하지 못한다. 그러나 무성생식으로는 100% 전할 수 있다. 즉 새로운 형태의 무성생식이란 바로 복제인간이다. 복제인간의 등장은 바로 인류에게 이러한 의미가 있는 것이다.

한국과학문화재단에서 실시한 설문조사에 따르면 복제인간에 대해 88%가 반대한다고 한다. 하지만 반대한다고 복제인간이 우리에게 다가오는 것을 막을 수는 없다. 지금 지구상에 핵무기의 존재를 찬성하는 사람은 단 한 사람도 없을 것이다. 모두가 핵무기의 존재를 반대하지만 핵무기는 엄연히 존재한다. 그리고 앞으로는 정확히 목표물만 없애 버리고 방사능 낙진 같은 귀찮은 부산물이 전혀 나오지 않는 더욱 더 세련된 핵무기가 개발될 것이다. 판도라의 상자는 할일 없고 따분한 여자가 심심해서 열어보았다. 복제인간을 만들어 보는 것 외는 할 것이 없는 아니 흥미를 못 느끼는 그 누군가가 호기심으로라도 하고야 만다.

과학기술은 이처럼 모두가 반대해도 물은 아래로 흐르는 것처럼 밀려드는 것이다. 앞으로 얼마의 시간이 걸릴지 모르지만 우리 앞에 분명히 복제인간이 나타나게 될 것이다. 복제인간과 기계인간 무엇이 다른가?

기계가 의식을 갖는 날

인간의 지성은 참으로 놀랍다. 인간의 지성은 30억년의 세월을 거쳐 유전자들이 만들어낸 보행알고리즘을 흉내내

SDR-3X

어 로봇으로 하여금 인간처럼 걸을 수 있게 만드는데 성공
했다. 지난 2000년 12월 일본의 혼다와 소니사는 인간처럼
자연스럽게 걸을 수 있는 로봇 아시모(ASIMO ; Advanced
Step in Innovative Mobility)와 SDR-3X를 발표했다.

　이것은 참으로 공학상 놀라운 사건이었다. 인간형 로
봇을 만들기 위해서 가장 어려운 기술은 몸의 균형 감각을
유지하고, 관절을 자유자재로 움직이게 하는 기술이다. 하
지만 이것은 생각처럼 쉬운 일이 아니다.

　자동차, 오토바이 등 움직이는 모든 것을 연구하고 개
발하겠다는 혼다(本田技研工業(株))는 원래 일본의 오토바
이 제조업체로 세계 제2차 대전 패전 후 1년이 지난 1946
년 시작되었다. 창업 당시 자전거에 옛 군대의 소형엔진을
부착하여 만든 오토바이로 큰 호응을 얻었다. 1969년에는
자동차사업도 시작하였다.

　이런 자동차 제조업체인 혼다가 인간처럼 두발로 걸을
수 있는 2족 보행 로봇의 연구 개발에 착수한 것은 1986년

이다. 인간이 두발로 걷기 위해서 어떤 역학적 메커니즘이 필요한지 연구원들이 직접 실험대상이 되면서 연구한 끝에 1987년 2족 보행 로봇의 시작품을 만들었다. 한 걸음 걷는 데도 무려 5초나 걸렸으며 걸음도 매우 어색했다. 개량에 개량을 거듭해 드디어 1991년 자연스러운 인간의 걸음에 가까운 단계까지 개발했다. 하지만 그것은 평평한 곳에서만 가능한 것이었다. 일반 길처럼 조금만 울퉁불퉁 하거나 계단을 올라가는 것은 불가능했다.

혼다의 수석 엔지니어 다케나카 도오루는 우연히 체조 선수들의 경기를 보다가 사람의 넘어지는 동작에서 힌트를 얻어 로봇이 장애물에 걸려도 넘어지지 않는 알고리즘을 찾아냈다.

그림에서 보듯이 목표총관성력의 모멘트가 0이 되는 지점을 목표ZMP라고 한다. 발바닥 접지면의 지면 반발력의 총합력을 실전지면반발력이라고 한다. 원래 고른 지면을 걸을 때는 목표ZMP와 실전지면반발력이 일치한다. 하

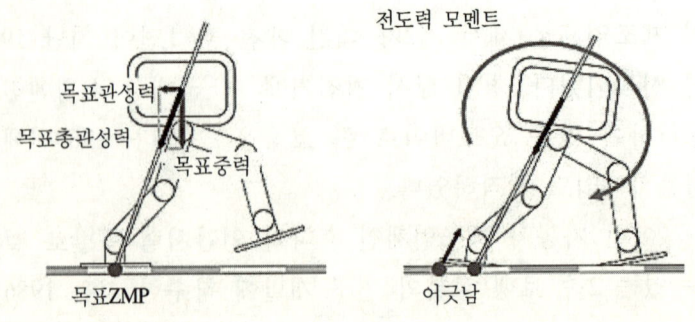

지만 울퉁불퉁한 지면에서는 이 둘이 어긋나 짝힘이 되어 로봇을 넘어뜨리는 전도력 모멘트를 발생시킨다. 혼다는 이 전도력을 적극적으로 역이용해서 로봇의 자세를 복원시키는데 활용함으로써 2족 보행로봇을 완성할 수 있었다.

이처럼 사람의 경우 무의식적으로 서고, 걷고 달리는 것이 가능하지만 이것을 로봇에서 실현하기란 결코 쉬운 일이 아니었다. 사람의 선조가 아직 물고기 시절일 때 등뼈를 좌우로 굽이쳐서 헤엄치는 척수신경의 반사 메커니즘을 발전시켰다. 이 메커니즘은 물고기가 육지로 상륙하여 양서류 파충류로 진화하면서 4족 보행으로 발전하고 나아가 인류처럼 직립보행으로까지 진화시켰다. 말하자면 인간의 직립보행은 수억년 동안 유전자들이 이룩해온 놀라운 성과인 것이다. 이것을 인간의 지성은 단지 몇 년의 연구

기계도 의식을 가질 수 있을까?

로 이룩해 낸 것이다. 비록 유전자의 알고리즘처럼 미묘하고도 능수능란하지는 않지만 결코 부족하지 않을 정도이다. 이제 이러한 로봇에 의식만 심어준다면 말 그대로 기계인간이 등장하는 셈이다.

필자는 이러한 기계가 등장할 수 있다고 믿었으며 이러한 기계의 등장은 인간의 불로불사도 가능하게 한다고 생각했다. 하지만 불로불사의 길은 그렇게 순탄한 것이 아니다.

불로불사는 꿈인가?

필자는 2000년 11월에 불로불사라는 주제로 불로불사의 비밀(바이오크리에이트사)이라는 책을 지은바 있다. 인간 게놈프로젝트와 돌리라는 양을 만든 체세포 복제기술이 적어도 육체적인 불로불사를 가능하게 만들었기 때문이다. 그래서 필자는 한 발작 더 나아가 영혼의 불로불사까지 생각하게 된 것이다.

하지만 이 책은 독자들에게 그다지 크게 주목받지를 못했다. 아마도 대부분의 독자들은 불로불사에 대해 그다지 욕심이 없는지도 모른다. 아니 불로불사는 불가능하다고 생각했는지도 모른다. 영화 「여섯번째 날(the 6th day)」에서 본 것처럼 육체는 체세포 복제술로 얼마든지 더욱 건강하게 만들어 낼 수 있고, 그리고 싱크코딩기계로 그 사람의 의식세계, 영혼을 몽땅 복사해서 새로 복제된 육체에

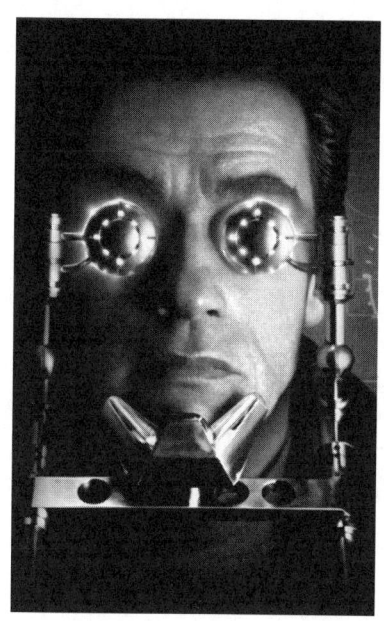

6번째 날의 싱크코딩기계

게 주입하여 완벽한 불사를 기도한다.

하지만 아무리 불사신을 이루기 위해 노력해도 허망하게 무너져 버린다. 이처럼 아무리 과학적인 기술을 총동원해도 불사를 이루는 것은 불가능하다고 생각하는지 모른다.

그러나 필자는 오랫동안 불로불사에 대해 깊이 생각하고 강렬한 바램을 가지고 살아왔다. 필자는 그다지 건강하지 못해서 늘 질병의 고통과 죽음의 공포를 느끼며 살아왔다. 그것이 더욱 불로불사에 대한 욕망을 지펴왔는지도 모른다. 이 세상에 아주 건강한 사람으로 다시 태어나고 싶었다.

그래서 불로불사에 대해 깊이 고민하고 자료를 모으고 책도 만들었다. 인간의 영혼이라는 것도 결국에는 뇌라는 물질적인 기반을 바탕으로 하고 있는 이상, 뇌의 구조를 완벽하게 파악하여 그것을 그대로 재구성할 수 있다면, 영혼도 얼마든지 복제가능하고 영혼의 불사도 가능하다고 단순하게 생각했다.

헌데 이 책을 마치고 얼마 되지 않아 필자는 불로불사

가 그 책에서 말한 것처럼 단순한 것이 아니라는 것을 알게 되었다. 우선 인간의 영혼은 단순히 뇌만으로 충분한 것이 아니라는 주장을 알게 되었다.

17개국에서 번역 베스트 셀러가 된 데카르트의 오류라는 책을 쓴 포르투칼 태생의 미국 신경학자 다마시오(Antonio R. Damasio)는 데카르트의 오류에서 정신과 육체는 별개의 것이라는 데카르트의 주장을 뒤집는다. 즉 정신은 결코 육체에서 독립적인 것이 아니라는 것이다.

정신의 미묘한 변화는 모두 뇌를 포함한 육체의 변화에서 기인한다는 것이다. 더구나 뇌가 정신의 충분조건이 아니라고 말하는 것이다. 그리고 이성이 감정과 독립적인 것도 아니라는 것을 여러 가지 임상결과를 인용하여 주장하고 있다. 따라서 육체가 바뀌면 감정도 바뀌고 정신도 바뀔 수밖에 없게 된다는 이야기다. 우리의 영혼은 복제를 통해 젊어진 육체로 갈아탈 수 없는 것이다. 육체는 새 옷으로 갈아입듯이 갈아입을 수 있는 것이 아니라 육체가 그대로 자신의 영혼의 일부라는 것이다.

체세포 복제로 복제된 젊은 육체가 단지 젊어진 것만이 아니고 원래의 육체와 100% 동일한 구조를 한 것이 아님은 분명하다. 새 육체에 이식된 영혼은 젊어진 활기를 느낄지 모르지만 동시에 뭔가 어색한 느낌을 받을지도 모르며 결국에는 마치 의족을 단 것처럼 자신의 몸이 아니라는 느낌을 받으며 거부반응으로 이상을 초래할지도 모른다. 이처럼 불로불사의 길은 험한 가시밭길이 될 것이다.

아니 아예 천길 낭떠러지가 나타나지 않으면 다행이라고 생각했다. 그런데 다시 얼마 지나지 않아 그러한 천길 낭떠러지에 직면했다. 다음 이야기가 그것이다.

〈백업장치가 고장난 사람〉

컴퓨터를 사용하여 처리한 데이터는 수시로 백업이라는 것을 해두어야 한다. 백업은 컴퓨터가 보관중인 데이터를 다른 외부기억장치에 복사해서 보관해 두는 것을 말한다. 백업을 하는 이유는 두 가지다. 먼저 컴퓨터가 고장나서 컴퓨터에 보관 중이 데이터를 잃어버렸을 때, 그 데이터를 복구하기 위해서 같은 내용을 외부 기억장치에 복사해 두는 것이다.

두번째는 컴퓨터 내의 기억용량은 한계가 있기 때문에 점점 데이터가 쌓여서 기억장치를 점점 채워간다. 가용할 기억용량이 너무 줄어들기 전에 오래된 데이터나 불필요해진 데이터를 지워서, 여유 있는 기억용량을 확보해야한다. 그때 물론 전혀 필요 없는 데이터는 그대로 지워도 되지만, 혹시 나중에 필요할지 모르는 데이터는 역시 외부 기억장치로 복사한 뒤에 지운다.

예전에는 백업장치로 주로 녹음테이프 같은 테이프 기억장치를 많이 사용했는데, 요즘은 CD롬이라는 것을 주로 백업용으로 사용한다.

그런데 사람의 두뇌에도 이러한 백업기구가 있다고 생각된다. 인간의 기억에는 단기기억과 장기기억으로 크게

나눌 수 있는데, 단기기억은 지금 이 순간 자신이 하고 있
는 생각을 저장하기 위해 사용된다. 그리고 시간이 가면서
단기기억의 내용 중에 특별히 중요하다거나 주목했던 내용
들이나 대강의 내용이 장기기억으로 옮아가 거의 평생 동
안 저장이 된다.

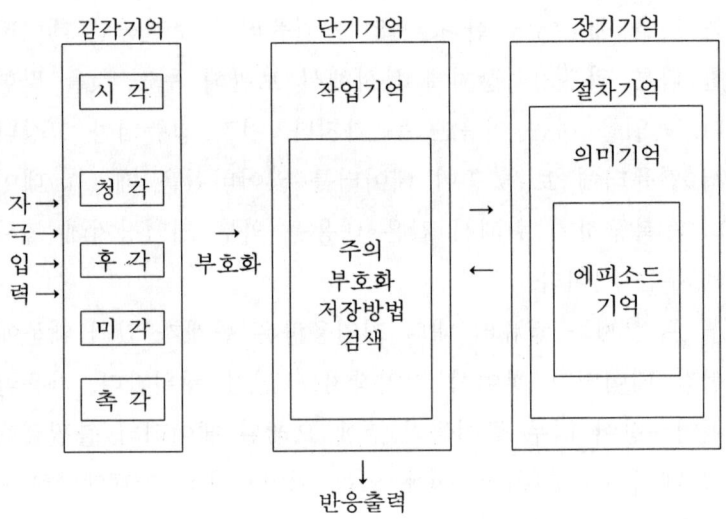

우리가 어려서부터 오늘날까지 죽 살아오면서 겪은 모
든 일들이 대강대강 장기기억에 차곡차곡 보관되어 간다.
이 장기기억은 자신의 정체성을 확립하는 데도 중요하다.
인간의 정체성이란 태어나서부터 지금까지 살아오면서 겪
은 모든 경험의 결정체라고 앞에서도 말했다. 영화 다크시
티에서는 인간의 기억을 마음대로 조종할 수 있는 외계인

들이 와서 인류를 자기들 마음대로 실험한다. 귀족이 천민이 되고 천민이 귀족으로 바뀌어도 아무런 문제가 없다. 그것은 그들의 기억마저 송두리째 바뀌었기 때문이다. 국가권력자도 권력의 전통성을 유지하기 위해 역대 선왕들의 업적을 기리 보존해 기록해 둔다.

인간의 영혼이란 바로 저렇게 단순한 것이라고 생각했다. 비록 아날로그 정보인 감정을 100% 완벽하게 이식하지 못하다고 해도 크게 문제될 것은 없다고 생각했다. 감정은 일시적인 것이라고 생각했기 때문이다.

그런데 삭스의 책 '아내를 모자로 착각한 남자'에서는 단기기억을 장기기억으로 옮기는데 문제가 발생한 한 사나이의 이야기가 나온다. 그 사나이는 G. 지미라는 사나이로 유능한 해군병사였다. 그는 이상하게도 그가 태어난 후부터 1946년까지의 일밖에는 기억하지 못하고 그 이후의 일에 대해서는 전혀 기억이 없으며, 그가 어느 순간이후부터의 기억이 없다는 것에 대해서도 자각하지 못한다.

그는 2차대전 중에 해군병사로 전투에 참가하여 열심히 국가의 운명을 위해 살아왔는데 전쟁이 끝나면서, 그만 그 동안의 긴장이 풀리고 하루하루가 따분해진 모양이다. 그래서 그는 술로 따분한 하루하루를 달래다가 그만 폭음을 일삼게되었다. 그러한 폭음이 그의 머리 속에 있는 유두체라는 신경조직을 위축시키고 이 때문에 그의 두뇌는 단기기억을 장기기억으로 전환하는 것을 하지 못하게 된 듯하다. 이처럼 알콜로 인한 기억상실증은 이미 코르사코프

코르사코프

증후군(Korsakov's syndrome)이라는 병명으로 연구가 되어 있었다.

추운 나라인 러시아에는 알코올로 몸을 달아오르게 하기 위해 독한 60도의 보드카(vodka)를 즐겨 마신다. 그러다 보니 알코올 중독자도 많고 코르사코프 증후군을 앓는 사람도 많아 그러한 연구가 이루어졌을 것이다. 아무튼 이 코르사코프 증후군에 걸리면 길어야 약 5분간의 일을 기억할 뿐, 그 이상의 일은 기억을 못한다. 때문에 그는 마치 한편의 영화를 보는 것처럼 인생을 살아가는 것이 아니고 순간순간의 사진을 보면서 살아가는 것처럼 살아간다. 더구나 한 번 본 사진이 보관되는 것이 아니고 영원히 사라져 버린다. 때문에 그는 지속력을 가지고 어떤 일을 하지 못한다.

그가 100m 달리기 시합을 할 수는 있겠지만, 1000m 달리기라든가 마라톤 같은 오랜 시간이 걸리는 경주는 할 수도 없고, 관전조차 할 수 없다. 그는 달리는 도중에 자신이 지금 왜 달리는지 그 이유를 모르게 되기 때문이다.

이처럼 그는 일관된 삶을 살수도 없고, 먼 미래의 일을 계획할 수도 없다. 그는 그저 하루하루 아니 한순간 한순간만을 위해 산다. 배가 고프면 밥을 먹고 밥을 먹다가도 허

기가 사라지고 다른 것이 주위를 끌면, 식사를 하다말고 그
것에 주위를 기울일 것이다. 그러다가 다시 다른 것이 주위
를 끌면 그것으로 발길을 옮긴다. 이처럼 그는 도대체 종잡
을 수 없는 행동을 하게 될 것이다. 그는 울었다가 그가 울
어야할 이유를 망각하면 웃는 얼굴이 되고 화를 냈다가 주
위를 다른 곳으로 끌면 금방 즐거운 얼굴로 변한다.

인생이란 기억의 탑을 쌓아 가는 것이라고 한다면 그
는 1946년까지는 탑을 잘 쌓아오다가 그 다음부터는 단 한
층의 탑도 쌓지 못하고 탑 위에 모래알만 없는 것처럼 20
여년을 살아왔다. 바람이 불면 모래는 다 날아가 그의 기
억의 탑은 그대로 있는 것이다.

이처럼 인간의 뇌에는 백업장치가 있어서 하루하루의
일을 정리하여 백업장치로 옮겨가서 일생의 기록을 머리
속에 만들어 간다. 그리고 그것은 언제나 검색이 가능하다.
내가 작년 이맘때 어디서 무엇을 했더라하고 기억을 더듬
으면 어렴풋이 기억이 떠오른다. 일기장이라도 읽어보면
더욱 뚜렷이 그때 일이 기억날 것이다. 이처럼 우리는 과
거의 기억을 바탕으로 인생을 살아간다.

지미는 1946년 이후의 기억이 전혀 없기 때문에 그는
온통 세상이 너무 빨리 변한 것처럼 느낀다. 형을 보면 어
제 즉 1946년 전에 본 형과 지금의 형은 너무 빨리 늙어
버린 것이다. 아니 형 왜 이렇게 늙어버렸어 하고 묻는다.
그의 옛 마을에 가서보면 어제까지 극장이었던 건물이 하
루 아침에 근사한 슈퍼마켓으로 변한 것을 보고 깜짝 놀라

기도 한다. 다크시티라는 영화에서도 하루밤 사이에 건물들이 바뀌고 세상이 온통 다시 만들어진다.

이처럼 여러분이 오늘날의 여러분일 수 있는 것은 과거의 기억이 계속되어 오늘날까지 죽 쌓여왔기 때문이다. 그렇다면 이제 이러한 의문이 생긴다. 컴퓨터의 백업장치는 그 용량이 거의 무한대라고 할 수 있다. 계속 새로운 공CD롬을 사오면 되니까 말이다. 하지만 사람의 두뇌 속의 백업장치는 외부에서 계속 더해 줄 수 있는 것이 아니기 때문에 분명히 용량에 한계가 있을 것이다. 인간의 수명이 연장되어 한계수명을 넘어 200년 이상 300년, 500년 정도 살 수 있다면 인간의 백업장치는 어떻게 될까? 용량을 초과하여 마치 코르사코프 증후군에 걸린 것처럼 되지는 않을까?

유두체의 손상이 전혀 없는데도 뇌 안의 기억용량이 한계를 넘었기 때문에 더 이상 새로운 내용을 저장할 수 없게 되지는 않을까? 영화 바이센테니얼맨을 보면 200년을 산, 인간이 되고자 하는 로봇이 나온다. 로봇의 경우는 얼마든지 기억용량을 늘릴 수 있으니 200년을 살아도 코르사코프 증후군을 걸리지 않겠지만 그래도 천년 만년 산다면 로봇의 몸통보다 기억장치의 크기가 더 커지는 문제가 생기지는 않을까? 하는 생각도 들었다.

그야말로 낭떠러지에 다다른 느낌이었다. 이런 이유 때문에 영원히 사는 불로불사는 이론적으로 불가능한 것이다. 불로불사는 꿈에 지나지 않았다.

인간의 기억용량은 무한대가 아니기 때문에 무한히 사

는 것은 불가능한 것이다. 우리가 알기로 기억용량이 무한
대인 존재는 오직 전지전능하신 신(神)뿐이다. 다만 200년,
300년 등의 장수는 이론적인 가능성이 사라진 것은 아니
다. 인간의 기억기구의 해명과 정보압축 기술의 발달로 얼
마든지 장기기억 장치의 용량을 늘리는 방법을 강구할 수
있기 때문이다. 따라서 그 책은 정확히 말하면 불로불사에
대한 이야기가 아니고 불로장생의 이야기를 하는 것으로
고쳐야 할 것이다.

〈육신의 자식 영혼의 자식〉

인간은 한정된 수명을 가졌기에 자식을 낳아 영원을
추구한다. 자식은 자신에 대한 기억이며 자신의 분신이다.
필자는 40살이 가까워지도록 결혼을 못했다. 주변의 어르
신들은 사람이 태어난 것은 자손을 남기기 위해서라며 결
혼을 서두를 것을 종용하신다. 하지만 필자는 이제 자식을
낳아 키우는 것은 너무 늦었다고 생각한다. 더구나 필자는
육신의 자식보다는 영혼의 자식이 인간에게는 더욱 소중하
다는 것을 많이 보았다.

플라톤은 결혼하지 않았지만 그는 그 누구보다도 성공
적으로 그의 자식들을 위대한 자식들을 대대로 두었다. 그
들은 바로 플라톤 철학을 연구하는 플라톤주의자들이다.
플라톤은 비록 그의 유전자를 남기지는 못했지만 그는 그
의 영혼을 인류에게 남겨주었다. 어차피 플라톤의 유전자
는 몇 세대 가지 않아 희석되고 혹은 아예 끊겨버릴 수도

있다. 인류는 인종을 떠나서 유전적으로 99.99% 동일하다
고 한다. 즉 혈육을 중시한다는 것은 유전적으로 보면 그
다지 의미가 없다. 그래서 그런지 몰라도 서구인들은 심지
어 한국의 고아들까지 입양하여 키운다.

핏줄 중시는 동양인들의 부질없는 집착이며 더구나 남
아선호와 남아에 의한 혈통 유지는 유전자의 입장에서는
넌센스에 불과하다. 한국인에게 가장 큰 협박 중에 하나는
제사상 받아먹으려면 아들에게 잘하라는 것이다. 하지만
이미 죽어 없어진 몸이 제사상을 받으면 무슨 소용일까?
물론 제사상이라는 물질적인 것이 아니라 그래도 자신을
기억해 주는 것은 아들이라는 의미일 것이지만 말이다.

아무튼 인간에게 의미가 있는 것은 육체보다 영혼이
다. 필자가 불로불사에 연연해하는 것은 구차한 육신의 생
명 때문이 아니고 영혼 때문이다. 필자는 영혼이 육체와
독립적으로 존재할 수 있다고 생각하지 않는다고 말했다.
종교인들은 이러한 주장을 인정하지 않겠지만 나름대로 오
랫동안 뇌에 대한 여러 가지 책을 읽어보고 나름대로 생각
한 끝에 내린 결론이다.

필자에게 있어서 육체의 죽음은 곧 영혼의 죽음이다.
필자가 플라톤처럼 고매한 사상의 소유자는 아니지만, 독
자 여러분도 마찬가지로 자신의 영혼은 자신에게 가장 소
중한 것이다. 필자는 그 소중한 영혼을 되도록 오래도록
지키고 싶은 것뿐이다. 추해지지만 않는다면 말이다. 60년
을 살아온 영혼과 200년을 살아온 영혼은 그 경지가 다를

것이다. 필자는 그러한 경지도 맛보고 싶은 것이다. 그리고 지금의 과학 기술이 그것을 가능하게 하고 있다고 믿는다. 독자 여러분은 육신의 자식을 택하겠는가 영혼의 자식을 택하겠는가? 선택이 한정되어 있다면 그 답은 너무도 분명하지 않을까 생각한다.

〈마지막의 미학〉

「가을동화」라는 TV드라마를 보면서 마지막의 아름다움에 대해 생각해 보았다. 은서가 아름답고 안타까운 것은 그녀가 젊은 날에 죽기 때문이다. 시청자들은 은서가 건강하게 살아남아 준서와 행복한 여생을 같이 할 수 있기를 바란다. 하지만 이러한 스토리는 이미 식상한 스토리가 되었다. 그녀가 만일 살아남아 준서와 함께 한다면 주위 사람들의 질시와 반목을 어떻게 해결할 수 있겠는가?

하지만 그녀가 양보함으로써 이러한 갈등이 오히려 모두 사랑으로 변화하는 놀라운 기적을 일으킨다. 그녀가 남긴 빈 자리를 통해 모두가 미워하는 마음을 녹이고 하나가 되었다. 희생은 이처럼 남은 자들에게 새로운 계기가 된다.

그렇다 마지막이 있기에 아름답다. 마지막이 없다면 모든 것은 추할 뿐이다. 꽃이 아름다운 것은 그 연약하고 부드러운 꽃잎이 머지 않아 시든다는 것을 알기 때문이고, 소녀의 불그스레한 볼이 아름다운 것은 곧 늙어 버린다는 것을 알기 때문이다. 하지만 단지 시들고 늙어서 없어진다면 허망할 뿐이지만 꽃이 시들어 탐스러운 열매를 맺고 소녀는 늙었지만 귀여운 자식들을 기르고 보다 노숙한 인생의 지혜를 얻었다. 이렇게 마지막은 새로운 시작이기에 아름다운 것이다.

시들지 않는 꽃은 조화일 뿐이고 그것은 속임수이다. 곧 녹아버릴 얼음조각품을 많은 돈을 들여 만드는 이유가 무엇인가? 그것도 마지막의 미학 때문이다. 찬란한 순간의 아름다움을 보기 위해 얼음조각을 하는 것이다. 한정된 수명을 가진 인간에게는 순간의 미학이 있는 것이다. 아름다운 것을 영원히 지키고 싶은 1차적인 욕망, 그것이 무참히 무너질 때 느끼는 2차적인 해방감, 파괴는 일종의 쾌감인 셈이다.

불로불사는 이러한 마지막의 미학을 빼앗아 버린다고 생각할지도 모른다. 그렇다 방부제에 담겨 전시된 표본처럼 변함없이 영원히 그 모습 그대로인 것은 오히려 공포의 대상이다. 진정한 불로불사는 이러한 모습을 지향하는 것이 아니다. 진정한 불로불사는 끊임없이 변화하는 모습을 보여주는 것이다. 진정한 불로불사체는 새로운 모습으로 진화하는 존재이다.

우리는 이제까지 자손들을 통해서 새롭게 거듭나는 번거로운 과정을 거쳐야했다. 그것은 매우 더디고 실패할 가능성도 높다. 하지만 자기 자신을 그대로 자손으로 만들 수 있다면 좋을 것이다. 훨씬 신속하고 안정적이다. 미래의 인류는 이러한 모습을 갖게 될 것이다. 새로운 무성생식으로 새롭게 거듭나는 것이다.

후 기

과학은 만능인가?

복제인간의 등장 유전자치료, 바이오공학, 불로불사 등 등 과학은 인류의 꿈을 하나 둘 실현해 오고 있다. 과학이 무섭도록 발전한 현재, 그리고 더욱 발전할 미래에 대해 인문학자들은 흔히 과학은 만능이 아니라고 말한다. 그렇다 너무도 당연한 이야기다. 과학은 결코 자신이 만능이라고 주장한 적이 없다. 흔히 사람들은 어떤 문제를 과학적으로 해결할 수 있다는 말에 대해 과학은 만능이라는 선입견을 갖게 되었는지도 모른다. 그래서 과학자를 비롯한 일반대중 모두가 이미 알고 있는 상식인데도 강조하여 과학은 만능이 아니라고 말한다.

과학은 그 내부에 이미 약점을 가지고 있다. 그런데도 과학이 강한 것은 무엇인가? 사실 과학은 그렇게 강하지 않다. 미신이라든가 관습 등이 너무 나약하기 때문에 과학이 강한 것처럼 만능인 것처럼 느껴질 뿐이다.

현대는 과학의 시대이다. 아무리 과학을 싫어하는 종교인들이라도 그들이 움직이거나 일상생활을 영위하기 위해서는 과학기술의 혜택을 입고 있다. 백이숙제(伯夷叔齊) 처럼 신하가 하극상으로 쿠데타를 일으켜 세운 주(周)나라 의 곡식은 먹을 수 없다고 산에 들어가 고사리를 캐어먹는 다면, 의리를 안다고 이름이라도 남을 것이다.

하지만 공해나 만들어내고 인간을 게을러지게 하는 과 학기술이 싫다고 원시시대 생활로 돌아가면 어리석다는 비 난만 받을 뿐이다.

현대의 인류는 어쨌거나 과학문명을 벗어나 존립하는 것은 불가능하며 자연 그대로가 좋다고 원시생활로 돌아가 는 것은 숲 속의 영장류로 퇴행하겠다는 것과 다를 바 없 는 무의미한 짓이다.

이렇게 인류가 과학문명을 떠날 수 없다면 과학의 힘 을 인정하고 과학을 올바로 이해하고 이용하려고 노력하는 편이 솔직한 자세가 아닐까?

과학적 사고

학생들에게 과학 과목이 재미있는 과목이냐고 묻는다 면 대부분의 학생들로부터 듣게 되는 대답은 매우 어렵고 재미없는 과목이라는 것이다. 왜 과학 과목은 어렵고 재미 없는 과목이 되었을까? 힌트는 바둑이라는 게임에 있다.

누구나 어릴 적에 아버지와 삼촌이 두시는 바둑을 옆 에서 구경해 본 적이 있을 것이다. 그때 흰 돌과 검은 돌 의 이해할 수 없는 싸움을 구경하면서 하나도 재미를 느낄

수가 없었으리라! 즉 과학 과목이 재미없는 이유와 바둑이 재미없었던 이유는 같은 것이 아닐까 하는 생각이 든다.

요즘 인기 있는 스타크래프트라는 컴퓨터 게임은 단순한 흑백 돌의 싸움인 바둑보다 훨씬 재미있을 것 같다. 겉모습은 훨씬 화려하고 음향효과도 있고 역동적이기 때문이다. 하지만 스타크래프트 게임에 흠뻑 빠져 즐기는 사람이 있는가 하면 그렇지 못한 사람도 있다. 이러한 차이는 어디에 이유가 있는가?

이유는 의외로 아주 간단하다. 바로 게임의 규칙을 아느냐 모르느냐의 차이이다. 게임의 규칙을 아는 사람에게는 게임을 진행하는 것을 보면 이해도 되고 흥미롭기도 하다. 하지만 게임의 규칙을 모르는 사람은 거기에서 어떤 의미도 흥미도 찾을 수 없다.

바로 그렇다!! 학생들이 과학 과목에서 흥미를 느끼지 못하는 것은 과학을 하는 방법, 과학적 사고가 아직 형성되어 있지 않기 때문이다. 과학을 잘 하려면 흔히 관찰력이 좋아야 한다고 말한다. 하지만 관찰력은 과학을 잘하기 위한 필요조건이지 충분조건은 아니다. 과학을 잘 하려면 관찰력보다는 과학적 사고력을 갖추는 것이 중요하다.

바둑이라는 게임을 시작하기 전에 그 게임의 규칙을 먼저 충분히 이해하는 것이 중요한 것처럼 과학 공부를 하기 전에 먼저 과학적 사고법을 알아두는 것이 중요하다는 이야기다. 공부를 게임이라고 생각하면 공부하는 방법 즉 게임의 규칙을 알면 공부가 마치 게임처럼 재미있게 된다.

〈무당과 과학자의 차이〉

　무당과 과학자는 한 가지 공통점을 가지고 있다. 그것은 미래를 예견하는 일이다. 인간은 누구나 미래를 알기를 원한다. 그래서 특별히 이러한 인간의 욕구에 부응하기 위해 무당이 등장했을 것이다. 우리가 미래를 예견하기 위해서는 과거를 조사하고 현재를 이해함으로써 가능하다. 하지만 아직 과학적인 수단과 지식이 부족했을 때는 어떻게 현실을 이해했을까? 고대 사람들은 현실을 이해하는 주된 수단으로 신화를 이용했다. 즉, 자연 현상은 모두 신의 장난이며, 미래의 운명도 운명의 여신이 정한다고 생각했다.

　이처럼 무당은 대부분의 현상을 설명할 때 귀신을 이용한다. 사람이 아픈 것은 질병의 귀신이 씌워서, 장사가 잘 안 되는 것은 돈 귀신이 장난을 쳐서, 그리고 내가 이렇게 잘생긴 것은 산신령님이 복을 주어서… 휘 물렀거라 잡귀들아!! 그래서 예전에 무당은 천연두에 걸린 환자에게 마마귀신이 씌웠으니 굿을 해서 귀신을 쫓아야 한다고 주장한다. 하지만 아무리 굿을 정성껏 해도 병은 낳지 않는다. 귀신의 세계와 우리가 사는 현실의 세계는 별개의 세계이기 때문에 아무리 귀신의 힘이 강하다 해도 우리가 사는 현실의 세계를 마음대로 할 수는 없다. 그래서 과학자라는 새로운 미래 예언가가 등장한다. 과학자는 현실을 현실 그대로 분석하고 이해함으로써 앞으로 어떻게 현실이 변화해 가는가에 대한 법칙을 발견하고 그 법칙을 바탕으로 미래를 예언하는 새롭고도 강력한 방법을 개발한 것이다.

아주 오랜 옛날 아직 사람들이 미개한 때에 종교적인 행사를 담당하는 무당이 모든 권력을 장악하고 있었던 시절에는 대부분의 것을 귀신의 힘으로 설명하였다. 하지만 점점 사람들의 눈이 밝아지면서 우리가 사는 현실 세계는 그 나름의 법칙에 따라 변화하며 귀신의 힘이 미치지 않는다는 것을 깨닫게 되었다. 그래서 현실 세계를 지배하는 그 법칙을 발견하고 그 법칙을 이용하여 그 세계를 지배하고자 하는 사람들이 나타났다. 이렇게 하여 무당은 종교적인 행사만 주관하고 정치적인 권력은 정치인에게 빼앗기고 말았다. 즉 정치인은 최초의 과학자였던 것이다. 여러 인간관계에 존재하는 미묘한 힘의 법칙을 이용하여 권력을 조종하는 사회과학자였던 것이다.

인간 세계만이 아니고 자연 세계에도 그 나름의 법칙이 있다는 것을 오랜 관찰로부터 사람들은 깨닫게 되었다. 해서 그 법칙을 알아내어 잘 이용하면 자연 세계도 사람들 마음대로 지배하고 개척할 수 있다고 사람들은 생각하게 되었다. 즉 자연과학자의 등장이다.

과학자는 어떤 종류의 귀신도 이용하지 않고 인간 사회나 물질의 현상을 설명하는데 오로지 인간 관계나 물질 그 자체를 이용한다. 즉, 누군가 왕이 될 수 있었던 것은 하늘이 그를 왕으로 선택했기 때문이 아니고, 그가 정치권력에 작용하는 힘의 법칙을 이해하고 잘 이용하였기 때문에 왕위에 오를 수 있었던 것이다.

초나라 항우는 사면초가가 되어 자신이 망한 것은 자

신이 약해서가 아니고, 하늘이 자신을 버렸기 때문이라고
한탄한다. 하지만 되돌아보면 자신이 망한 것은 모두 자신
의 과욕과 어리석음 때문이었다. 하지만 항우는 끝까지 이
것을 알지 못하고 불행하게도 31세의 젊은 나이에 죽고 말
았다. 그의 어리석은 생각이 정치적인 힘의 작용을 이해하
지 못하여 결국 정치적 수완을 잘 활용한 유방에게 힘을
빼앗겨 죽음으로 내몰린 것이다. 이처럼 정치란 힘의 과학
인 셈이다.

그리고 몸이 아픈 이유는 병균이라는 세균이 침입해서
몸의 기능을 잘 발휘할 수 없게 하기 때문에 아프다는 식
으로 물질(몸)에서 일어나는 현상을 물질(세균)로 설명하는
것이다.

이처럼 과학적인 사고법은 물질의 현상을 설명하는데
는 물질 이외의 신비한 힘을 이용해서 설명하지 않는다는
점이다. 이처럼 물질적인 증거를 확보하기 위해서 수없이
많은 실험을 반복하고 이론적인 검증을 받고 확인에 확인
의 절차를 밟아 과학적 진리로 인정받는다.

무당은 단 한 사람의 용하디 용한 신들린 사람이면 충
분하지만 과학은 천재 과학자 한 사람만으로 충분하지 않
고 그 사람의 이론을 실험적으로 검증할 수많은 보통의 실
험 과학자들의 피땀어린 노력으로 이룩된다는 점이 중요합
니다. 예를 들어 아인슈타인의 상대성이론이 진리로 인정
받기 위해 아인슈타인의 천재적인 수학적 이론도 필요했지
만, 그것을 물질적으로 현실적으로 입증받기 위해 실험 과

학자들이 개기일식 날에 맞추어 인도 등지의 먼 곳까지 여행하면서 수성의 정확한 궤도와 위치를 관찰해서 상대성이론이 맞다는 확인을 받은 것이다.

아인슈타인은 이들 실험과학자들의 협력이 없었다면 그렇게 유명한 과학자로 이름을 떨치지 못했을지도 모른다. 이처럼 과학은 천재들같이 특별한 사람들이 하는 것이 아니고 보통의 사람들이 협력해서 이룩하는 매우 민주적인 학문이다.

즉 민주적인 사고방식이 바로 과학적 사고방식이라고 해도 과언이 아니다(그렇다고 다수결 만능주의는 안됨. 다수결이라는 독재자가 생길 수 있음). 참고로 UFO가 과학적인 연구 대상이라고 생각하는 사람들이 상당히 많은데 UFO는 과학적인 연구 대상이 될 수 없다. 과학적인 연구 대상은 누구나, 언제, 어디서든지 관찰할 수 있는 것만이다. 단 돈이 많이 드는 것도 과학적인 연구 대상이다.

예를 들어 누구나 안드로메다 성운을 볼 수는 없다. 어마어마하게 비싼 천체망원경이 있어야 관찰할 수 있기 때문이다. 또 세포들의 미세구조도 비싼 전자현미경을 사야 볼 수 있다. 돈이 많이 필요해서 원자라든가 분자를 볼 수 없을 뿐이지 볼려고 마음먹고 돈을 많이 벌면 볼 수 있는 것은 모두 과학적인 연구 대상이다. 하지만 UFO는 아무리 많은 돈을 들여도 언제 어디서나 볼 수 있는 것은 아니다.

운이 매우 좋은 특정한 사람들의 카메라에만 잡힐 뿐

인 것은 결코 과학적인 연구 대상으로 삼을 수 없다는 점을 분명히 알아두자.

〈과학적 사고력의 발달〉

어릴 적에는 아직 과학적 사고력이 충분히 발달하지 못했기 때문에 여러 가지 미신적인 생각에 사로잡혀 괴로운 고민을 하기도 한다. 하지만 점점 세상에 대한 경험이 풍부해지면서 과학적인 사고력이 발달하여 한 사람의 민주시민으로 성장하게 되고 왕성한 사회 활동을 하여 사회 발전에 기여할 수 있게 된다. 그리고 다시 나이가 들면서 점점 과학적 사고력이 약해지고 다시 미신적인 사고력이 고개를 들기 시작하기도 한다.

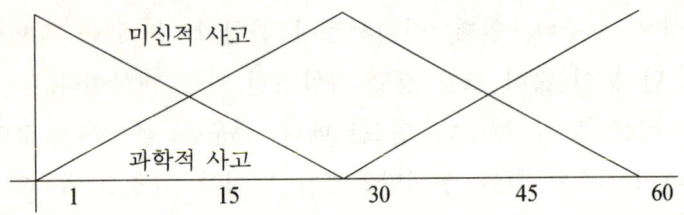

즉 그림에서 보는 것처럼 아주 어릴 때는 미신적 사고가 과학적 사고보다 강하다. 즉 귀신이 나타난다는 말에 쉽게 겁을 먹고, '밤에 거울을 보면 귀신이 나타난다', '행운의 편지에 대한 답장을 하지 않으면 나도 불행한 일을 당할지 모른다', '손 빠지는 날에 이사를 가면 안된다'는 등의 여러 가지 미신적인 금기를 잘 따른다. 조금만 과학적

비판력으로 생각해 보면 이런 것은 아무런 근거도 없다는 것을 알 수 있는 데도 그것을 아주 철저하게 믿고 따른다.

청소년기에는 이러한 미신적 사고와 과학적 사고가 비슷해져서 가장 고민이 많은 시기이다. 하지만 점점 미신적인 것에 대한 비판이 가능하면서 점점 과학적 사고력을 발달시켜간다. 30대가 되면 미신적 사고는 거의 없어지고 과학적 사고력이 최고로 발휘되어 열심히 일하는 시기이다. 그리고 50대가 되면 서서히 젊었을 때의 패기도 줄어들고 세상을 합리적으로만 따지는 것보다는 모순된 것도 포용하는 즉 과학적 사고를 초월하여 어릴 적의 단순한 미신적 사고와는 다른 초과학적인 사고를 하는 경향이 생긴다.

〈과학적 사고〉

마지막으로 그럼 과학적 사고란 어떤 것인지 정리해 보자. 과학적 사고란 철저한 증거주의라는 것이다. 누군가 어떤 과학적인 주장을 하기 위해서는 먼저 그 증거를 확보해야만 한다.

과학적 사고가 증거를 중요하게 여기는 이유는 과학적 사고가 실천을 전제로 하기 때문이다. 예를 들어 신대륙을 발견한 콜롬부스가 지구가 둥글다는 과학적 증거가 없었다면 배를 몰아 먼 바다로 나아가는 모험을 감행할 수는 없다. 먼 바다로 나아가도 당시의 사람들이 믿는 것처럼 낭떠러지로 떨어져 죽지 않는다는 확신이 있어야 먼 바다로 항해한다는 실천이 가능한 것이다.

또 과학적 사고는 항상 모든 가능성을 염두에 둔다는 것이다. 모든 가능성 중에서 최선의 것을 선택하는 합리적인 사고방식이 바로 과학적인 사고방식이다. 과학적인 사고방식은 바로 경제적인 사고방식이라고 할 수 있다. 비효율적인 방법을 분석하고 보다 효율적인 방법을 찾아낸다는 것이 과학적인 자세라고 할 수 있다. 이제 구체적으로 과학을 하는 방법 즉 과학적 사고에 대해 알아보자. 과학은 다음 표에서 보는 순서대로 진행한다.

즉, 이 순서를 따르는 사고방식이 바로 과학적인 사고방식인 것이다. 형사 콜롬보도 이 과학적인 사고방식에 따라 범인을 잡기 위한 수사를 실행한다. 범인이 신이 아닌이상 반드시 범죄 현장에 조그마한 단서라도 남기기 마련이다. 그 단서들을 조심스럽게 수집하여 범행이 어떻게 어떤 이유로 일어났는지 추리를 한다. 즉 범행에 대한 이론을 세우는 것이다.

범죄가 일어난 필연적인 이유와 조건들을 모두 어긋남이 없이 짜 맞추는 것이다. 그래서 용의자를 선정하고 보다 분명한 증거를 찾아내게 된다. 그리고 범인으로부터 자백을 받게 되는 것이다.

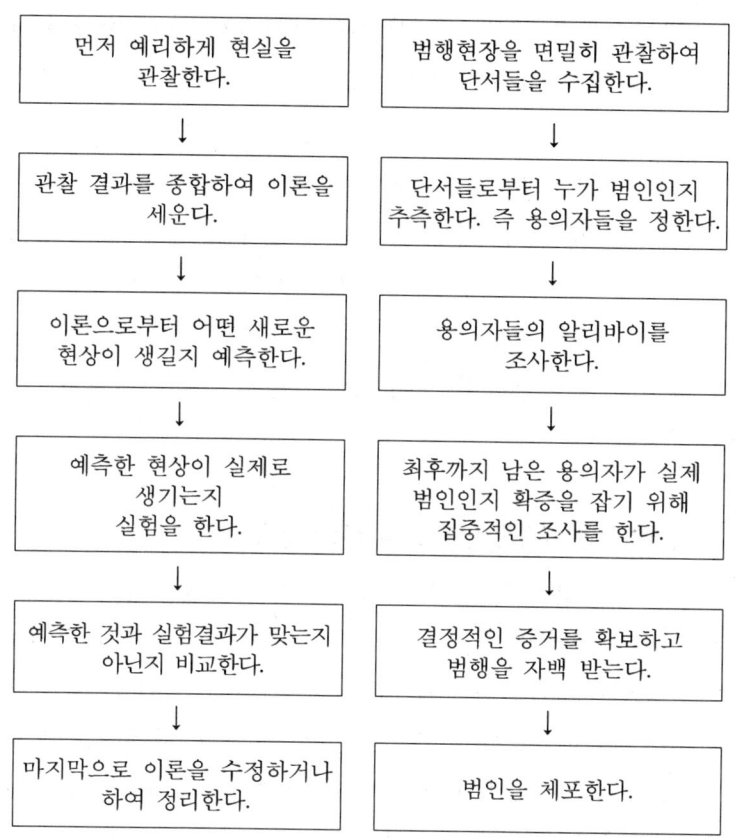

이러한 과학적인 사고는 우리 생활 모든 곳에 활용된다. 돈을 버는 것도 그저 운이 좋은 것만 바라는 것이 아니라 합리적으로 돈을 버는 방법을 모색하는 것이다. 그것이 회계학이다. 돈을 버는 사업을 선택할 때는 부가가치가 높은 아이템을 찾아내고 그것을 합리적으로 실행하여 건실한 수익이 발생하도록 장부를 꾸며나가는 것이다.

합리적으로 장부가 작성되면 어디에서 크게 손실이 생기고 어디에서 이득이 생기는지 알 수 있으며 따라서 손실이 생기는 곳은 더 이상 손실이 생기지 않도록 막고 이득이 생기는 곳은 더욱 이득이 생기도록 장려하면 분명히 돈을 벌게 되어 있다. 아무리 열심히 일해도 돈을 벌지 못하는 사람은 어디에선가 자신이 벌어들이는 돈보다 돈을 쓰는 곳이 그만큼 많기 때문에 돈이 모이지 않는다. 결코 운이 좋아서 돈을 잘 버는 사람은 그렇게 흔하지 않다는 점을 명심하자.

〈과학적인 사고가 인생을 행복하게 만든다〉

무당을 찾아가는 사람들은 무언가 고민 거리가 있기 때문이다. 사업이 잘 안된다거나 가정이 화목하지 못하는 등의 고민이 있기 때문에 그 고민 거리의 원인을 찾기 위해 무당을 찾아간다. 그럼 무당은 당신의 사주에는 언제 손재수가 있고 자식 복이 어떻고 하는 등의 이야기를 듣게 된다. 하지만 무당의 그러한 이야기는 사실 조금만 생각해 보면 아무런 근거가 없다는 것을 알 수 있다.

사람들은 흔히 자신의 과거지사를 용하게도 알아 맞추는 무당의 말에 귀가 솔깃해져서는 무당의 말을 100% 신임하게 된다. 그래서 무당이 하라는 대로 비싼 부적도 사고 굿판도 벌인다. 이처럼 불행한 사람은 자신이 불행한 원인을 과학적으로 분석하지 않고 비과학적인 방법으로 알아내려고 하고 그래서 더욱 불행해진다.

　　자신이 불행한 이유는 자신이 비과학적인 사고를 벗어나지 못했기 때문이라는 것을 깨달아야 한다. 세상살이의 아옹다옹은 한걸음 물러서서 바라보면 모두 부질없는 짓으로 보일 때도 있다. 광대무변한 우주를 탐구하는 천문학자에게는 인간이 얼마나 보잘것 없는 존재인지 늘 느끼고 있다.

　　과학적인 사고가 꼼꼼히 따지고 계산적인 사람이 되자는 의미는 결코 아니다. 과학적인 사고는 모두가 더불어 사는 가장 합리적인 방법을 찾아내자는 것이다. 과욕은 전체를 보지 못하기 때문에 생긴다.

　　바둑을 두다보면 나의 돌은 모두 실리고 싶고 상대방의 돌은 모두 잡고 싶어진다. 하지만 상대방도 나와 같은 생각으로 바둑을 두기 때문에 결코 자신의 생각대로 바둑이 진행되지는 않는다. 죽을 것만 같은 대마를 살리기 위해 억지 수를 써서라도 겨우겨우 살려낸다. 하지만 그 대마를 살리느라고 주위의 세력을 모두 빼앗기고 말아 결국 지고 만다. 대마를 살려야 한다는 욕심이 결국 몰락을 자초한 것이다. 차라리 죽게 된 대마는 미련 없이 포기하고 대신에 다른 곳에서 그 대마보다 조금 큰 곳을 얻어내면 결국 바둑에서 승리하게 된다.

　　인생도 바둑과 비슷한 면이 많다. 흔히 소탐대실 한다고 한다. 작은 것에 욕심을 내어 집착하면 큰 것을 잃고 만다. 우리는 지난날 갯벌을 막아 드넓은 농토를 얻어서 모두들 기뻐했다. 하지만 세월이 지나면서 그 농토에서 얻은 소출이 예전에 갯벌에서 얻은 이익보다 못하다는 것을 뒤늦게 알게 되었다. 우리는 공장을 지어 이제 많은 돈을 벌게 되었다고 좋아했다.

하지만 그 덕분에 강물이 썩고 공기가 더러워지고 흙이 죽어 우리는 물도 사먹어야 하고 공해병에 걸려 그 병을 치료하는 치료비가 번 돈보다 더욱 크게 들고 있다. 우리는 결국 크게 손해보는 짓만 해온 것이다. 이것이 바로 전체를 보지 못하고 욕심을 부린 비과학적인 사고에서 비롯된 것이다. 이제 우리는 전체의 조화를 생각하는 대승적인 합리적 사고를 갖추어야 한다. 그것이 모두의 행복을 보장할 것이다.

바이오 산업

아무튼 이러한 과학적 사고는 인류문명을 발전시키고, 오늘날에 이르러서는 인간의 게놈을 분석하는 개가를 올렸으며, 앞으로 인류는 바이오 공학의 혜택을 받게 될 것이다. 즉, 21세기는 바이오 산업의 시대이다. 바이오 산업이란 어떤 것이고 우리는 어떤 준비를 해야 하는지 알아보자.

〈산업의 계층성〉

산업의 발달은 계층성을 가지고 불연속적으로 발전하였다. 우선 농축산물 등의 생산을 중심으로 하는 1차산업은 인간 생활에 필요한 의식주에 대한 용품을 직접 자연으로부터 얻어내는 산업으로 시간이 많이 걸리고 노동력도 많이 필요로 했다. 고대 중세시대는 대부분이 1차산업에 의존하는 경제 형태를 하고 있다.

그리고 근대가 되어 산업혁명이 일어나면서 본격적으로 시작된 제조업은 1차산업에서 생산된 것을 가공하여 보다 부가가치가 높은 상품을 생산하는 산업으로 1차산업의 상위계층에 있는 산업이다. 그리고 현대의 정보통신산업은 역시 잘 발달된 제조업을 바탕으로 새로 창출된 산업이다. 컴퓨터와 통신 기기를 생산하는 제조업과 직접적인 관련을 맺고 있기도 하다. 나아가 다른 산업의 정보와 그 전달을 업으로 하게 된다. 즉 새로운 지식 창출로 지식산업이 생기기도 한다.

마지막으로 바이오 산업은 생명정보라는 막대한 정보 처리를 필요로 하기 때문에 정보통신산업의 상위계층에 있다. 바이오 산업은 과거 1차산업과도 관련이 있지만, 정보 과학의 중심인 생명과학의 이해와 생명과학에 대한 지식의 폭발적 증가라는 측면에서 바이오 산업은 정보통신과 지식산업의 상위에 있는 산업이다.

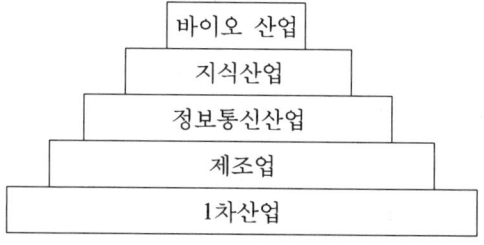

〈정보 혁명〉

정보란 매우 중요한 것이지만 좀처럼 정체를 파악하기 어렵다. 물질은 눈에 보이는 것이기에 쉽게 조사하여 그 법칙을 알아낼 수 있지만 정보는 눈에 보이지도 않으며 입장에 따라 다른 것이기에 정보에 대한 법칙을 찾기는 쉬운 일이 아니다. 아무튼 정보란 보존하고 그리고 전달하지 않으면 정보로서의 가치가 없다.

그런데 정보의 전달 즉, 흐름에는 두 가지가 있다. 수직적 흐름과 수평적 흐름이 그것이다. 수직적 흐름은 상부에서 하달되는 명령이거나 하부에서 보고되는 것을 말한다. 이 정보의 흐름은 정확성과 신속함을 생명으로 하기도 한다.

두번째 정보의 흐름은 수평적 흐름이다. 수평적 흐름이란 바로 소문 같은 것이다. 소문은 친구나 마을 사람들 같이 평등한 관계 사이에 퍼지는 것으로 이 정보에는 신뢰성이나 신속성, 목적 같은 것도 없이 그저 정보의 발생원으로부터 멀리까지 퍼질 수 있는 데로 퍼져나간다. 인류의 역사를 돌이켜보면 새로운 정보의 수평적 전달 수단을 획득했을 때 이른바 정보혁명이 일어나 인류의 역사를 크게 바꾸어 왔다.

첫번째 수평적 정보전달 수단으로 필자는 언어를 든다. 언어는 유인원사회가 인류로 진화하는데 결정적인 역할을 한 것이다. 유인원은 원래 우두머리 수컷을 중심으로 일부다처의 중앙집권적인 조직을 유지한다. 때문에 조직내의 정보는 주로 수직적으로 흐른다. 하지만 원시 인류는 언어를 사용함으로써 서로의 의사소통이 원활해지자 한 마리의 수컷 원숭이가 다스리는 조직을 붕괴시키고 일부일처제로 나아간다.

두번째 수평적 정보전달 수단은 구텐베르크의 인쇄술이다. 인쇄술이 나오기 전에는 필사가들에 의해 생성된 성경 등의 정보는 교황으로부터 수직적으로 전달되었다. 그래서 중세시대 교황의 권력은 절대적인 것이었다. 하지만 인쇄술의 등장으로 값이 싸진 성경책 등을 누구나 구입할 수 있게 되면서 교황의 권위는 무너지고, 종교혁명이 일어나 버린다.

근대 들어와서 신문·라디오 등의 대중매체는 언론사의 통제하에 있었으며 언론사는 정부의 감시를 받기도 하였다. 때문에 국운을 좌우할 중요한 정보는 쉽게 대중에게 전달되지 않았다. 하지만 현대에 들어와서 등장한 인터넷이라는 정보전달 수단은 쌍방향으로 대화가 가능한 최초에 등장한 언어와 같은 것이다. 인터넷으로 우리는 그 동안 쉽게 접할 수 없었던 위험한 원자탄 제조법이라든가 국운을 좌우할 수 있는 중요한 정보들이 전 세계인에게 노출되어 버렸다.

특히 컴퓨터와 인터넷으로 일어난 정보혁명은 문자는 물론 그림, 영상, 음성과 같은 다양한 정보들을 모두 0과 1이라는 디지털신호로 바꾸어 정보처리를 원활하게 함으로써 정보의 가공과 생산에 획기적인 효율을 이룩하고 인터넷은 자유로운 양방향 통신을 통해 정보의 파급효과가 그 어느 때보다 극대화되어 버렸다.

인터넷은 국경을 무너뜨려 국가 권력을 추락시켰으며, 전 세계인을 하나로 만들어 버렸다. 이제 이 전 세계인을 통제할 새로운 권력이 등장할 것이다. 그러한 권력체는 인터넷을 능가하는 정보처리 능력을 가진 조직이다. 그것의 정체는 아직 누구도 모른다. 어쩌면 바이오 산업에서 그러한 권력체가 등장할지도 모르겠다.

〈지식 혁명〉

컴퓨터와 인터넷으로 누구나 자유롭게 원하는 정보를 얻을 수 있게 되었다. 예전에는 서가에나 꽂혀 있는 크고 무거운 백과사전의 정보를 컴퓨터를 통해 언제 어디서든지 열어볼 수 있게 되었다. 즉 예전에는 전문가들이나 알던 지식을 일반인들도 쉽게 알 수 있는 지식혁명이 일어나고 있다.

이렇게 해서 서로 다른 지식들이 모여 새로운 지식을 창출해낸다. 그야말로 지식산업이 시작되었다. 자신의 전공이 아니라고 느긋하게 앉아 있다가는 창피당하기 십상인 세상이 되어 버린 것이다. 자신의 전공에 관련된 지식만이 아니고 자신과 조금이라도 연관된 것에 대해서도 상당한 지식을 갖출 필요가 있으며, 자신과 무관한 것에까지 신경을 써야 할 필요가 생긴 것이다.

나아가 그것을 자신의 것으로 소화해내야 한다. 언제 그것이 필요하게 될지 모르기 때문이다. 조직 내에 지식이 혈액처럼 흘러다녀야만 경쟁력 있는 조직으로 살아남는다. 무식하고 게으른 요원들로 구성된 조직은 도태되어 버린다. 새로운 지식을 생산하고 상품으로 포장하는 지식산업의 시대가 시작되었다. 사방에서 번뜩이는 아이디어들이 우후죽순으로 솟아나온다. 조금만 게으르면 대나무숲에 갇혀 버릴 것이다.

〈바이오 혁명〉

생명체를 설계하는 게놈이라는 정보는 아데닌(Adenine), 구아닌(Guanine), 시토신(Citocine), 티민(Timine)이라는 네 문자로 된 디지털 정보로 구성되어 있으며, 이 게놈이라는 방대한 정보를 컴퓨터를 동원해 해석함으로써 생명체를 임의로 조작할 수 있게 되어 바이오 혁명이 시작되려고 한다.

바이오 혁명은 생명의 핵심인 '정보'의 본질을 인류에게 이해시킴으로써 인류역사상, 아니 우주의 창생 이래 인류가 이룩한 가장 큰 업적이 될 것이다. 이러한 바이오 혁명이 가져올 바이오 산업은 인류의 마지막 산업 궁극의 산업이 될지도 모른다. 즉 하느님이 약속한 영생이나 석가가 말하는 극락왕생의 부처가 온 인류에게 임한다고 말해도 과언이 아니다.

〈바이오 산업〉

바이오 산업은 지금까지의 1차산업인 농축수산업을 크

게 변화시킬 것으로 예상된다. 보다 우수한 품질, 보다 생산성이 높은 품종의 개발로 1차산업의 생산성이 극대화되고, 자동화될 것이다. 그에 맞추어 제조업도 큰 영향을 받을 것이고, 정보통신 산업도 큰 변화를 받게 된다.

예를 들어 바이오 컴퓨터 개발은 지금의 컴퓨터보다 훨씬 소형이고 보다 유연하며 동작 성능도 보다 뛰어날 것으로 예상된다. 이처럼 바이오 산업은 전 산업에 그 파급 효과가 지대한 것이다. 특히 바이오 산업은 인간의 생명과 직접 관련을 맺고 있기 때문에 그 발전 속도는 정보통신 산업의 발전 속도보다 더욱 빠를 것으로 생각된다.

정보통신 산업에서 인텔사나 마이크로소프트사, 시스코사 야후사가 차지한 위치를 앞으로 바이오 산업에서 미국의 셀레라나 제네텍(Genetech)사, 암젠(Amgen)사나 영국의 셀텍(Celltech)사 같은 회사가 그러한 위치를 차지할지도 모른다.

한국은 컴퓨터개발 따위에는 관심도 보이지 않다가 결국 한국은 컴퓨터 산업의 식민국가가 되었다. 오늘날 한국의 모든 컴퓨터에는 미국 마이크로소프트사의 윈도우가 깔려 있다. 미국의 사대주의를 싫어하는 사람도 자신의 컴퓨

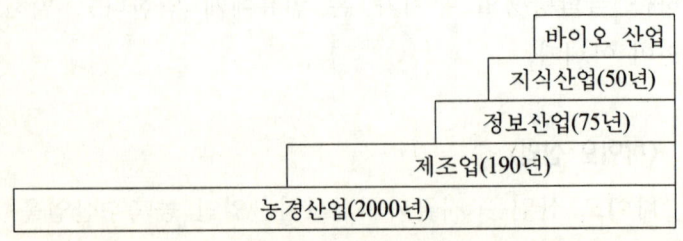

터에서 윈도우를 지우지는 못한다. 일본은 한때 자신들의 컴퓨터를 개발해 미국의 식민지배를 받지 않으려고 발버둥을 쳤다. 하지만 결국 일본도 미국의 식민지로 전락하고 말았다. 아니 미국의 식민지가 아니라 마이크로소프트사의 식민지이다.

한국은 바이오 산업에 아직 눈도 뜨지 못한 젖먹이 수준이다. 컴퓨터 산업에서 그랬듯이, 바이오 산업에 의한 식민지가 등장할지도 모르는 위험한 상황에 우리는 처해 있는 것이다. 하지만 지금부터라도 시작한다면 우리는 얼마든지 미국을 압도할 수도 있다. 바이오 산업의 가능성은 누구에게나 지금 똑같이 열려 있기 때문이다. 우리는 모두 같은 선상에 서있다. 미국이나 선진국이 약간 앞서 있을 뿐이다. 결승점에서 얼마든지 순위가 바뀔 수 있는 상황인 것이다. 이제 독자 여러분의 관심에 달린 것이다.

2001년 2월 발렌타인데이

생명의 책
게 놈

2001년 4월 5일 인쇄
2001년 4월 10일 발행

지은이 장은성

펴낸이 손영일

펴낸곳 전파과학사

출판등록 1956. 7. 23(제10-89호)

120-112 서울 서대문구 연희2동 92-18

전화 02-333-8877 · 8855

팩시밀리 02-334-8092

Website www.S-wave.co.kr

E-mail S-wave@S-wave.co.kr

ISBN 89-7044-221-9 03470